粘度測定
ガラスとメルト

いろいろな測定法開発の記録―八転び七起き―

白石 裕

アグネ技術センター

はじめに

　東北大学選鉱製錬研究所でスタートした筆者の研究歴も何時しか 60 年を越えてしまった．初めの数年間を除く 50 年余は，必ずしも筆者の望みであった訳ではないがスラグを相手にする仕儀になり，その初めての出会いであるスラグの粘性とは以後長い付き合いになった．もちろん，粘性が仕事のすべてではなく，溶融スラグの物性や構造といった研究にも手を出したし，レビテーション溶解炉の基礎研究などの下請け仕事も何とかこなしてきた．その間も，粘度の測定は，測定系や測定方法を変えながら，継続して測定を行ってきた．とどのつまり，歳を経てから振り返ってみれば，私自身の仕事といえるものは結局，「粘度」ということになる．

　機会があり，年齢制限ギリギリでアメリカに 1 年留学した．五十路の手習いではあるが，千載一遇のチャンスとばかり研究の進路を変えようと思い，スラグのネクスト・ドアであるガラス状態研究所で，ガラスの音波物性を勉強したいと希望したが，先様にも事情があるらしく，結局，ガラスの粘度測定を装置の開発からはじめることになり，「粘度」の枠からの脱出は果たせなかった．しかし，ガラスという分野に足を踏み入れたことは以後の研究の幅を拡げるのに役立った．反面，工学系の目的研究所において，"設立目的枠外な研究をするとは勝手な真似"という批判に曝されることもあった．ともあれ，以後，スラグ，ガラス，溶融塩などの国際会議に顔を出し，まあ，それなりの評価を得て大学の仕事を終えることができた．

　大学を退職して㈱アグネ技術センター（以下アグネ）に勤めることになった．当時のアグネの社長（故）長崎誠三さんはご自身が練達な実験屋さんであったためか，大学に後継者のいない筆者の仕事をアグネで継続できるよう

に便宜を図ってくださった．その好意に便乗し，かねて気にしていた，ガラスからメルトまでの粘度連続測定装置の開発に取り組んだ．その動機になったのがアメリカでの仕事である．"塞翁が馬"の話ではないが，留学当時それほど気乗りしなかったアメリカでの仕事が，20年を経て，次の仕事の基礎となったのは妙な巡り合わせである．詳細は本文中4節に記載するが，以後の粘度測定の中核となっている．

次節以降に筆者の経験に基づく粘度測定の話を記すが，できる限り相対的測定法は避けたつもりである．相対的測定法は測定式の中にアジャスタブル・パラメータ（形式上は装置定数）を含み，その数値の決定は標準試料の値との比較による．室温では容易に入手できる標準試料も，ここで対象とする高温では，ほぼ手に入らない．従って，できる限り理論式に準拠して，装置定数を定めるように工夫した．しかし，中にはかなりキワモノ的な測定法もある．理論的バックグランドが多少怪しくても，粘度に比例するという仮定の下に実用に供することができる場合が結構ありうる．実用的な見地からは，それらも考慮されて良い場合が多い．また，現実には測定値は求まっても，それが何を意味するか見当が付きかねる場合もある．とくに広い温度範囲や組成範囲に渉る測定では解釈に苦しむ測定結果が出てくることがある．そのような場合に際し，少しは役立つかも知れないことを最後の10節，「閑話及題」に取り上げてみた．測定方法に直接の関わりはないが知識として知っておくと便利であろう．

筆者の手の内はなるべく開いたつもりではあるが，もともと，広い手の内があるわけではなく，また，十分な記述の伴わない点があろう．さらに，筆者の思いこみによるエラーもありうると思う．他人様の言うことはまず疑うのが科学の基本，その意味で，この本もまずは半信半疑で読んでいただきたい．その上で何等かの"ヒントになるもの"が少しでもあれば，望外の喜びである．

なお，本文中に昔ながらのCGS単位を用いているところがある．本来SIに統一すべきであるが歴史的な意味もあってそのままにした．巻末に付表としてCGS単位からSIへの換算表を示したので必要に応じて換算していた

だきたい．

　この本は雑誌「金属」85巻（2015）9号から86巻（2016）5号までに連載された記事を中心に，10節の「閑話及題」を付け加えたものである．なお，3節には連載の締め切りに間に合わなかった考察を補足した．何回か読み直しているがそれでもなお，著者の思い違いなどのミスがあることであろう．ご指摘いただけると幸甚である．なお，本書の上梓にあたり，ご尽力，ご支援いただいたアグネ編集部の皆様に心よりのお礼を表明いたします．

目 次

はじめに……………………………………………………………… i

0 粘度測定事始め (Origin of the viscosity measurement)──── 1
 スラグと粘度（ノロのノロ率）　1

1 回転粘度計：ロトビスコ (Rotovisko)──────────── 6
 測定原理　7　　　　　　　測定装置　8
 試料溶製と測定　10　　　測定結果―滓化について　11
 まとめ―測定誤差　12

2 平行平板粘度計 (Parallel Plate Viscometer)─────── 15
 測定原理　15　　　　　　測定装置　17
 試料と測定　19　　　　　結果―温度変化　20
 考察―加圧力(実効荷重)の変化―動的と静的　22

3 外筒回転型粘度計 (Outer Cylinder Rotating Viscometer)── 25
 測定原理　27　　　　　　測定装置　27
 測定と測定結果の評価　32　考察―装置の検定―結論　33
 内筒端面の形状効果　34

目 次

4　球貫入・平行板変形 / 回転粘度計（Sphere Indentation-Parallel Plate Deforming/Rotating Viscometer）――― 40

　　測定原理　41　　　　　　　測定装置　44
　　測定プロセス　46　　　　　測定結果―高さ（圧力）補正　48

5　円柱貫入 / 回転法（Cylinder Indentation/Rotating Method）――― 51

　　測定の基礎　52　　　　　　装置と測定　57
　　測定結果　60　　　　　　　結論（メニスカス補正）　61
　　メニスカスの補正　61

6　スライド円柱粘度計（Sliding Cylinder Viscometer）――― 64

　　測定原理　65　　　　　　　測定装置　66
　　測定と測定結果　68　　　　考察と結論　70

7　短管粘度計（Short Capillary Viscometer）――― 74

　　測定原理　75　　　　　　　測定装置と測定法　78
　　測定結果と考察　79　　　　結　論　82

8　液浸短管粘度計（Dipping Short Capillary Viscometer）――― 84

　　予備実験と測定　84　　　　測定結果　90
　　課題と発展性　94

9 終即是初（The last, that's the first）——————————— 96
    粘度計概観　96
    ウベローデ（Ubbelohde）粘度計　100
    回転振動法　103　　　　　興味ある問題　106

10 閑話及題（Another stories）—ガラスとメルト—粘度の温度変化— — 114
    物質の存在形態　114
    メルトからガラスへ—粘度変化—核生成と結晶成長　117
    ガラス状態とガラス転移—熱力学—Kauzmann 温度—分子論モデル　122
    ガラス転移温度：（Ojovan らの configuron モデル）　125
    ガラスの加熱と再結晶—メタル・ガラスの再結晶—ガラス・セラミックス　128
    ガラス粘度の温度変化—Eyring 流—fragility—自由体積—T-V-F 式　131
    粘度の緩和—冷却時と加熱時での不可逆性—緩和時間—高分子ガラスにおける粘弾性—　138

参考文献……………………………………………………142
付　　表……………………………………………………144
    CGS 単位系　144
    国際単位系（Systéme International d'Unités）　148
索　　引……………………………………………………151

0 粘度測定事始め
(Origin of the viscosity measurement)

スラグと粘度（ノロのノロ率）

　ある日教授室に呼ばれた．「Haake の Rotovisko を買ったから，スラグの粘度を測りなさい」，と渡されたのが回転粘度計 "Rotovisko" とドイツ語の取説．とにかく頂いて大部屋に戻り，さて粘度の測定とは如何なるものかと取説を見たが，ドイツ語とあってそうおいそれと読めたものではない．スラグも初めてなら粘度も何のことやら．それから1週間，辞書と首っ引きで取説を読み，測定器を撫で回した．それまでやってきた溶融 Fe-Si-S 系の実験が上手く行かないのを見かねて，研究の方向転換を狙った配慮であることは分かっているが，熱力から物性，メタルからスラグへの転換にかなりの文化ショックを受けたことは確かである．

　さて，命じられた「スラグの粘度測定」を実現するため，その手始めとして「ノロ（スラグ）にホタル（蛍石，CaF_2）を加えるとノロが水のようになる」と言われている「蛍石の流動性改善作用」を調べようと思い，ノロ（スラグ）の基礎系として SiO_2-CaO 系を選び，そのノロ率（粘度）を測る目的で Rotovisko をベースにした粘度測定装置を作り，実際に測定を始めたのが3ヵ月後であった．この測定以来，最近実験を give up するまでほぼ50年，粘度測定との永い付き合になるとは，その当時夢にも思わなかった．東北大を退官し，アグネに移っても粘度との縁は切れず，さらに，アグネで使っていた装置を自宅に引っ越した．その測定装置は2011年の東日本大震災でもさしたる被害はなく，いったんは測定を再開したが，室温でのコールド・テ

ストから加熱を伴うホット・テストへのグレード・アップは難しく，結局そこで実験は中断した．そしていったん止めた実験を再開するほどのアイデアも浮かばず，遂に実験そのものを諦めた．それでもまだ測定に対する思いは残っていて，ああすれば良かった，こうもしてみたい，あれも面白そう等々，未練は尽きない．そこで，何時の日にか私と同様な道を歩むかも知れない貴方に私の思いを残し，参考に供したいというのが本書の願いである．8種類の測定法を試み，7種類はそれなりに結果を出したが，最後に試みた測定法は道半ばで終わっている．つまり，八起きと成り得なかった報告が本書の凡てである．以下，ほぼ時系列に従い，自分の経験した粘度の測定について説明してゆくが，その前に，スラグと粘性の話を簡単に述べておきたい．

スラグ (1)

まずスラグの話をしよう．スラグ (slag) は鉱滓と言われ金属の乾式製錬（高温溶融製錬）において溶融金属と接触して金属中の不純物や鉱石に付随する脈石（SiO_2 や Al_2O_3 など）を吸収する酸化物を主体とする溶融混合物である．金属の製錬剤であるとともに溶融金属を酸化雰囲気から保護するフラックスの役目も持っている．鉱石などの原料とともに溶融炉に投入し製錬剤としての働きを行わせるためには，なるべく容易に溶けて一様な溶融相（スラグ相）を作ること（滓化，slagging）が必要である．そのためスラグには低い融解温度や液体としての流れやすさが要求される．滓化率と称してこの性質を評価するが，現場言葉；「ノロ」に対応させれば「ノロ化率」とでも呼べよう．本書での「ノロ率」という筆者の造語は「ノロ化率」のうち流動性に注目した呼び方と考えていただきたい．流動性 (fluidity) は物理的には粘度 (viscosity) の逆数で，先に述べた蛍石のもつ滓化促進作用を評価する重要な因子であり，粘性の測定から評価できると考えた．次節以降に述べる粘度測定に先立ち，ここで「粘性とは」の一般的な話をしておこう．

粘性 (viscosity *1)

　流れを示す流線に乱れがなく，一様に揃っている流れを層流という．層流をなしている流体中に図0-1のように面積 A の平行板を距離 z だけ離して置く．いま面 X-X が面 Y-Y に対し相対速度 u で移動したとするとき，面 X-X に働く剪断力 F は

$$F = A\eta(\mathrm{d}u/\mathrm{d}z) \tag{0-1}$$

と与えられる（Newton の法則）．ここで η は粘性係数 (viscosity coefficient) あるいは単に粘度 (viscosity) と呼ばれる物性定数であり，一般に温度，圧力，組成の関数である．また測定対象（物質）によっては定数とならず，剪断速度そのものに依存することもある（非ニュートン流動，図9-2参照）．

　剪断応力 F は運動量 mu と $F = A\mathrm{d}(mu)/\mathrm{d}t$ の関係にあるから，流体の密度を ρ として，

$$\begin{aligned} F &= A\mathrm{d}(mu)/\mathrm{d}t = A\eta(\mathrm{d}u/\mathrm{d}z) \\ &= A(\eta/\rho)(\mathrm{d}\rho u/\mathrm{d}z) \end{aligned} \tag{0-2}$$

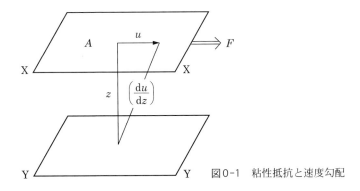

図0-1　粘性抵抗と速度勾配

---

*1　viscosity（粘性）は viscous（ねばねばする）から生まれた言葉で，viscum（やどり木）の実から作った"とりもち"に由来する．寄生木自身は viscum album あるいは mistletoe と呼ばれ，"Kissing under the mistletoe"（"寄生木の下のキス"—中世期クリスマスの習慣）で知られている．

(2) 式は運動量の時間変化が速度勾配に比例することを示しており，また，剪断応力が質量流れ (ρu) の勾配に比例することを示している．ここで，比例定数 (η/ρ) を動粘度 (kinematic viscosity) という．よく粘性は「運動量の輸送」と言われるが動粘度 (η/ρ) の次元を見ると $[L^2 T^{-1}]$ で拡散係数や熱拡散率と同じ次元であり，SI 単位では m^2/s で示される．拡散，粘性，熱拡散は引っくるめて輸送現象と呼ばれ，同じ形の方程式で表される．拡散係数の単位が m^2/s というのは直感的に理解し難かったが，[動く]×[速さ] と考えると分かりやすい．「動く」は距離 m であり「速さ」は m/s である．つまり，ある距離をどれだけの速さで駆け抜けるかという話になる．遠い距離を速く駆け抜ける飛脚はたくさんの荷物を運べることになる．こじつけであるが，覚えやすい．物質の「動く・速さ」であれば拡散係数，運動量の「動く・速さ」は動粘度，熱量が「動く・速さ」で熱拡散係数になる．

ところで，流れの状態を表す無次元のパラメータがある．レイノルズ数 (Reynolds number)，Re である．その定義は

$$Re = uL/\nu \qquad (0\text{-}3)$$

ここで，u は流れの速度，ν は動粘度 ($= \eta/\rho$)，L は代表長さで，たとえば，容器の直径．

このレイノルズ数は無次元量であって，容器の大きさが異なっても，それに応じた流速を与えて Re の値を一定に保てば，流れの状態は相似に保たれることを示している．そして，流れが層流であるか，乱れている (乱流) かの境目の条件は実験的に $Re = 1000 \sim 2000$ であると言われている．つまり，レイノルズ数がこの値より小さければ乱れのない層流となり，大きければ乱れを生じる．実験条件が同一であれば (L, ν 一定)，流れの性質はもっぱら流速によって左右されるという常識的な話となる．以下の測定装置の話でも流れを扱う時には常につきまとうパラメータである．お見知りおき願いたい．当然のことであるが (0-3) 式の動粘度は，粘性係数，η と密度，ρ で書いても差し支えなく，その場合，$Re = \rho uL/\eta$ の形になる．

スラグ（2）

　元に戻って，そもそも「ノロのノロ率」を測定すると何が分かるのか？スラグは一般に共有結合性とイオン結合性が混在し，その割合は組成に依存すると考えられている．特にシリカリッチ・ガラスなどの酸性の組成を除いて，いわゆる通常のスラグ組成ではイオン性の融体と考えて差し支えない．その結論に至るまでにはBockrisらの一連の研究がある[1]．イオン性の液体は形の大きい陰イオンと形の小さい陽イオンから成っている．粘性流動はもちろん全体として電気的中性を保ちながら流れるが，そのため，流れの抵抗はもっぱら形の大きい陰イオンによって支配される．シリカ成分の多い酸性スラグなどではSiO_4を単位とする共有結合性の網目構造が発達して巨大な陰イオンとなり，その流動に大きな抵抗をもたらす．そのため温度を下げると容易にガラス化する．CaOやアルカリ酸化物を多く含む塩基性スラグでも，溶融温度を下げるためにシリカ成分を加えることもあり，常温の水やアルコールほどの低粘度にはならない．つまり，粘度の測定から分かることはもっぱら形の大きい陰イオンに関する情報である．このため，粘性流動は「陰イオンプロセス」と呼ばれる[*2]．これから先に述べる色々な測定法は，主としてスラグないしはガラスの粘度に関するものであるが，溶融塩や溶融金属の測定にも対応するため，低粘度領域に適用する測定法も取り上げた．なお，ここでの測定はもっぱら実用的な見地からのもので，物理定数を求めるためといった高精度を目指したものではない．従来の報告値が全くない状態では2桁の値でも十分であることが多く，そのため，測定もなるべく簡便を旨としている．従って，ここで取り上げた測定法が常にベストであるとは言えないことをあらかじめ断っておきたい．また，ここでの方法が原理的に高精度測定に向いていない場合もある．これらの注意はそれぞれの測定法の適用例の中で述べている．

＊2　形の小さい陽イオンが主役となる電気伝導などは「陽イオンプロセス」と呼ばれる．

1 回転粘度計：
　ロトビスコ（Rotovisko）

　ブルックフィールド（Brookfield）粘度計というものがある．その概要は図 1-1 に示すように，モーターにスプリング・コイルを介して繋がるローターとスプリング・コイルの捩れ角を示す目盛板から構成されている．

　測定法の分類では「単一円筒回転粘度計」と呼ばれる．十分大きな容器に入れた液体試料に円筒を浸して回転を与えると，回転円筒に液体の粘性抵抗による剪断応力が働き，それに見合ったスプリングの捩れを生じる．この捩れ角度は回転体の形状や回転速度などの測定条件が一定であれば液体の粘度に比例するから，あらかじめ粘度既知の標準試料で装置定数を定めておけば粘度が測定できる．単一円筒という意味は試料を入れる容器が十分大きく容器壁の影響が無視できるということである．

　ハーケ社製ロトビスコもほぼ同様な構造を持った粘度計である．異なるのはモーターと回転軸の間に歯車の組み合わせを利用した変速機があることとスプリングの捩れ角度を電気抵抗の変化に置き

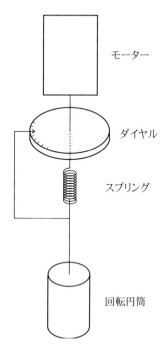

図 1-1　ブルックフィールド粘度計

換えていることである．もちろん充分大きな容器に入れた試料を相手にして単一円筒回転法として用いることもできるが，実験室的には比較的少量の試料を測定対象にすることが多い．そこで試料を満たした容器に回転円筒を浸すことになるが，有限径容器に入れた試料では容器壁の影響があり，そのため，測定法も共軸回転円筒法と呼ばれる．共通の回転軸をもつ2つの円筒を用いるこの方法の測定原理を少し丁寧に説明しよう．

測定原理

いま図1-2のように無限長の共軸円筒の間に液体を満たし，その円筒を回転した場合のトルク（剪断応力）を考える．

半径 R_1 の外筒と半径 R_2 の内筒との間の任意の位置 r における流体の流速 u は円筒の回転角速度 ω と $u = r\omega$ の関係にあるから，r 位置における速度勾配 D は

$$D = du/dr = r(d\omega/dr) + \omega \tag{1-1}$$

ここで，ω は剪断応力には無関係であるから，結局，粘性抵抗を生ずる剪断速度は $r(d\omega/dr)$．

一方，内筒軸から r の距離における流体の角速度は放物線則に従い

$$\omega = C_1/r_2 + C_2 \tag{1-2}$$

の関係にある．ここで C_1, C_2 は積分定数である．円筒と流体の界面ですべりがない場合，外筒の角速度 ω_1，内筒のそれを ω_2 とすると

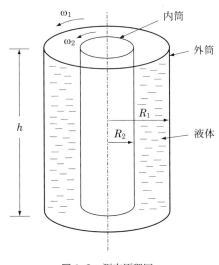

図1-2 測定原理図

$$\omega_1 = C_1/R_1{}^2 + C_2, \quad \omega_2 = C_1/R_2{}^2 + C_2 \tag{1-3}$$

より C_1, C_2 が求まり，それを用いて中心から r の距離にある流体の角速度 ω は

$$\begin{aligned}\omega &= (\omega_1 R_1{}^2 - \omega_2 R_2{}^2)/(R_1{}^2 - R_2{}^2) \\ &\quad + [R_1{}^2 R_2{}^2 (\omega_2 - \omega_1)/(R_1{}^2 - R_2{}^2)](1/r^2)\end{aligned} \tag{1-4}$$

この式から流体の両円筒間の速度分布が分かり，それから r 位置での剪断速度が求まる．

$$\begin{aligned}D_r &= r\,(\mathrm{d}\omega/\mathrm{d}r) \\ &= [2R_1{}^2 R_2{}^2/(R_1{}^2 - R_2{}^2)]\cdot(\omega_1 - \omega_2)\cdot(1/r^2)\end{aligned} \tag{1-5}$$

剪断速度 D_r より円筒の受けるトルク M は

$$\begin{aligned}M &= (2\pi rh)\,\eta D_r r \\ &= [(4\pi h\eta R_1{}^2 R_2{}^2)/(R_1{}^2 - R_2{}^2)]\cdot(\omega_1 - \omega_2)\end{aligned} \tag{1-6}$$

当然のことであるが両円筒を同じ角速度で回転すれば ($\omega_1 = \omega_2$)，静止したときと同様トルクはゼロ，内筒回転・外筒静止では $\omega_1 = 0$ で $(\omega_1 - \omega_2) = -\omega_2$ (トルクの向きは流れに逆らう形)，粘度は

$$\eta = M\,(R_1{}^2 - R_2{}^2)/4\pi h R_1{}^2 R_2{}^2 \omega_2 \tag{1-7}$$

と求まる．外筒回転でも角速度が ω_1 となるだけで (1-7) 式と形は同じである．この場合，トルクの向きは流れと同方向である．

ここでは無限長の円筒を考えているので，円筒上下の端面の効果は考えていない．これについては後の誤差の考察で触れることにする．

測定装置 [2]

ここで取り扱う1000℃以上の溶融スラグを測定対象とするには室温と

1　回転粘度計：ロトビスコ

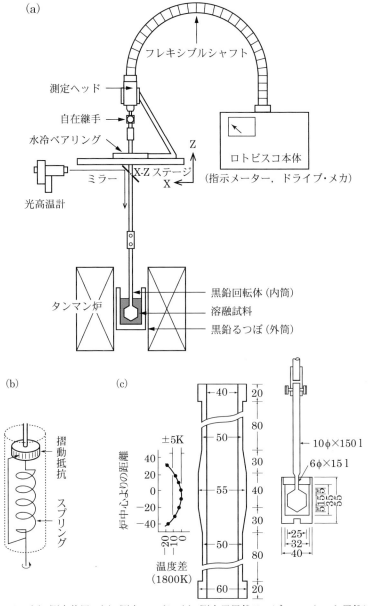

図 1-3　(a) 測定装置，(b) 測定ヘッド，(c) 測定用黒鉛るつぼ，ローターと黒鉛ヒーターの形状．（単位：mm）

は異なる工夫が必要である．まずロトビスコ本体と測定ヘッドを高温の炉から遠ざける必要がある．そのため，スプリングとポテンシオメーターが組み込まれた測定ヘッド（図 1-3 (b)）にユニバーサルジョイントを介して 500 mm のステンレス棒を連結し，その先端に測定用の黒鉛製内円筒（ローター）を取り付けた．これらを，水冷ベアリングを持つ上下可動スタンドに載せ，試料溶解用のタンマン炉の上方に設置した．一方，試料は外円筒となる黒鉛るつぼ中にて溶解し，その温度はスタンドの下部に取り付けた鏡を介して光高温計でスラグ表面を測定した（図 1-3 (a)）．なお，試料表面温度とバルク温度の差はあらかじめ測定した炉内温度の分布曲線から推定し，補正した．測定に供したローターと黒鉛ヒーターの形状を図 1-3 (c) に示す．

この測定系における測定装置の較正は粘度既知の試料を用い常温で行われた．本来，測定温度で検定するべきであるが高温で使用できる標準試料は見当たらない．そこで常温で検定し，その後で考えられる温度の補正を施すことになる．ここでは，常温の標準試料としてグリセリン水溶液およびケイ酸ソーダ（水ガラス）を用い，それらの粘度は別途に市販のウベローデ (Ubbelohde) 粘度計[*3]によって検定した．

ロトビスコ ではギアを切り替えて 2 および 3 の倍数で 10 段階に回転速度が変えられる．ここでの測定ではメーター示度の関係で約 54～223 rpm の回転数を用い，4 段階でこの回転数の範囲をカバーしている．ここで用いた標準試料はいずれもニュートン流体と見なせる挙動を示し，回転速度に対するトルク示度（ロトビスコの出力電流値）の良い直線性が得られた．

試料溶製と測定

ここでの測定対象は主として蛍石（CaF_2）を含むノロの基礎系（CaO-SiO_2）である．CaO-SiO_2 系の測定はすでに多くの研究がある．手始めの測定としてそれらとの比較ができることは都合がよい．しかしそこから粘度を

[*3] ウベローデ粘度計については 9 節参照．

低下させてその影響を調べることは，測定上からは測定可能範囲の下限に近づく方向なので測定精度の低下を覚悟することになり，測定という観点からはあまり利口な実験計画ではない．オマケに CaF_2 は SiO_2 と反応して飛散する可能性があり，測定前後の試料組成の分析が必須である．結局，この測定にはフッ素分析という操作がつきまとい，そのフッ素分析に粘度測定よりも多くの時間を費やす結果になった．

試料の CaO-SiO_2-CaF_2 系スラグの溶製は，所定組成の CaO-SiO_2 のマザースラグを作っておいてそこに CaF_2 を加えると良い．直接3種類の成分から溶製するのは SiO_2 と CaF_2 が反応してフッ素の歩留まりが悪い．測定試料を溶製するときの SiO_2 活量を下げておくことが肝要で，試料溶製の一つのコツである．あらかじめ所定組成に溶製した試料の所定量を測定用黒鉛るつぼに採り，タンマン炉で溶融し，溶融後，内円筒（ローター）を所定位置まで沈め，所定温度において回転，トルクを測定する．回転数を3～4水準変えて測定，次の目標温度へと昇温し，測定を繰り返して1600℃～1650℃に至り，ついで降温し，途中チェックの測定を経て凝固直前にローターを引き上げて全測定を終了する．冷却試料は分析に供し，測定前後の組成変化を調べる．また，ローターの浸没深さ，回転状況の事後チェックが必要である．

以上が測定の手順であるが，測定時間を極力短縮して組成変化を抑えることが肝要である．高温での黒鉛の還元力は強力で，CaO-SiO_2 系でも1600℃では SiO_2 が還元されて SiO (g) となり，また Ca_2C を生成する．

測定結果—滓化について

測定結果について細々と論ずることは本書の趣旨ではない．それらについては別途の報告がある[2]．ここでは CaF_2 の粘度低下の効果が CaO の2モル当量よりわずかに高いが，通常言われているホタル石の滓化能力を粘度低下の効果のみで説明することは難しい．そこで，「滓化しやすさ」とは何かということについて少し考える．滓化 (slagging) とはヘテロな混合物がホ

モジニアスとなってスムースな流動性を得るプロセスをいい，そのためにしばしば造滓剤（フラックス）として CaO, SiO$_2$, FeO, CaF$_2$ などが用いられる．それで，滓化のプロセスには粘度の低いこともちろん必要であるが，もう一つ融点の低下が重要である[*4]．一般に，酸化物系では多元系になると融点は下がる傾向にある．ガラス化範囲を拡げるために第3成分を加えて多元系にすることはよく知られた手法であるが，滓化にも応用される．一般的に，混合の自由エネルギーが負に大きいものが液相線温度を低下させる．従って，酸性酸化物には塩基性アルカリが，塩基性酸化物には酸性酸化物が選択され，かつ，添加物自身の融点の低いものが有効である．そのような観点から CaO は酸性スラグに対して有効であるがそれ自身の融点が高いため，融解に時間が掛かる．その点 CaF$_2$ は自身の融点が1400℃程度で酸化物に比較してかなり低い．その他，ノロの流れやすさという見方からは密度が関係する．いわゆる「湯流れ長さ」といって傾斜した面にある温度のスラグを流し，それが凝固するまでの長さをパラメータとする実際的な方法がある．おそらく，この長さに最も影響するものは粘度であろうが，凝固するまでの時間は試料の凝固温度や熱ロスが関係する．また重力下での流れであるから正確には粘度ではなく動粘度である．このほかにも実際の現象ではさらに多くの因子が働いているであろう．「ノロ率」はそう一筋縄ではいかない問題である．

まとめ―測定誤差

　大分脇道に入ってしまった．ここで測定の本筋に戻りロトビスコ（共軸円筒法）のエラーについて考えてみる．図1-4 (a), (b) にローターの位置にオフセットを与えてその影響を調べた結果を示す[3]．
　大方の予想通り回転軸の傾いた味噌擂り運動 (C) が一番大きく結果に影

[*4] 液相線以下の固液混合領域では，一般に，初晶の析出によっても見掛けの粘度値が高くなる．

1　回転粘度計：ロトビスコ

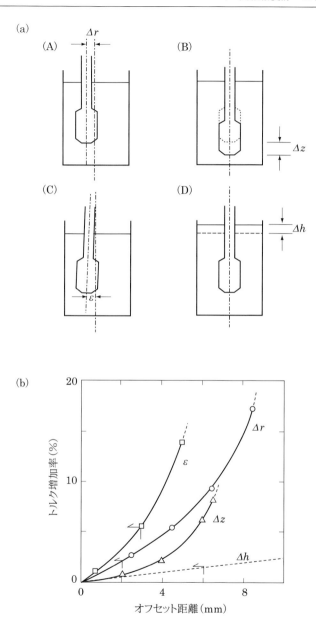

図1-4　(a) オフセット図. (b) 過剰トルク図.

響する．次は回転軸が垂直ではあるが器壁に近づいた場合（A），それらに較べれば底面の影響（B）はさして大きくはない．ただしここでは円錐状の底面を使用しているのでフラットな底面を持つ場合よりは影響が少ないと予想される[*5]．底面に比較すると液面の影響はほとんど無視できそうである．

　回転円筒法におけるエラーはここにおけるものでほぼ尽くされている．これらを減少するためにどのような手段，あるいは調整機構が必要かは測定者自身の工夫を必要とするところであるが，普遍的に測定装置が備える調整機能として9節の図9-10万能ラックという形で提案しておく．

　回転円筒法，特に内筒回転法は溶融スラグの粘度測定に広く用いられている．そのキイポイントとなるローターと測定ヘッドの接続にはフック/リングの組み合わせを用いることが多い．「粘度の高い液体中で回転すると内筒は抵抗の少ない中心に自発的に位置するからなるべく自由度の高い接続が望ましい」という理由である．ただ，測定トルクを稼ぐため，現実に外筒と内筒のギャップを狭めると，内筒と外筒が容易に接触し，いったん接触すると表面張力が働いて引き離すことがほぼできなくなる．結局「自由度の高い接続」でギャップを狭めるにも限度があり，ギャップを詰めて回転トルクを稼ぐことが困難となる．単一円筒法と異なり，「測定ヘッドとローターの接続問題」は共軸円筒法の宿命である．

＊5　底面の傾斜影響は3節で取り扱う．

2 平行平板粘度計
(Parallel Plate Viscometer)

"隣の庭"は奇麗に見えるもので"スラグのお隣",ガラスにおける緩和現象の勉強のため文部省の在外研究員としてアメリカ・ワシントンD.C.にある Catholic University of America・ガラス状態研究所 (Vitreous State Laboratory, 通称 VSL) に留学 (1980) した.そこで与えられたテーマが平行平板法によるガラス用粘度計の開発であり,初めてパソコン制御を経験することとなった.これが,以後長い付き合いとなるガラス粘度の事始めである.

測定原理

図 2-1 のように,ガラス円柱を平行な板で挟み,荷重を掛けて押し潰し,その変形速度から粘度を調べようというのが平行平板法の発想である.

Fontana[4] によれば $10^5 \sim 10^9$ dPa·s の領域で平行平板粘度計は使いやす

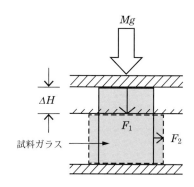

図 2-1　原理

いという．この測定法は円柱状試料の変形をもたらす応力が水平方向への変形応力 F_1 と垂直方向の変形応力 F_2 の和として与えられるという条件に基づいている．円柱の半径方向への変形は Gent[5]) によって次のように与えられている．

$$F_1 = -3\eta V^2 (dH/dt)/2\pi H^5 \tag{2-1}$$

垂直方向の変形はよく知られたファイバー・エロンゲーションの式を当てはめる．

$$F_2 = -3\eta V (dH/dt)/H^2 \tag{2-2}$$

従って全体の応力は

$$F = F_1 + F_2 = 3\eta V(-dH/dt)[(1/H^2) + (V/2\pi H^5)]$$

これから

$$\eta = (2\pi MgH^5)/[3V(-dH/dt)(2\pi H^3 + V)] \tag{2-3}{}^{*6}$$

ここで η は粘度/dPa·s，M は荷重/g，H/cm は円柱状試料の高さ，g は重力加速度/cm·s^2，V/cm^3 は試料体積，$(-dH/dt)$/cm·s^{-1} は試料の変形速度である．この式は試料の荷重による変形が非圧縮性で常に円柱形状を保つことを前提としており，(2-1) 式では円柱高さは一定，(2-2) 式では試料径の変化を無視している．したがって，円柱状試料が潰れてその高さが変わった分をファイバー・エロンゲーションの式でカバーするという考えである．

この双方の変形を独立に扱うことは Fontana の仮定であるが，その提案に従えば，測定は容易で，円柱状の試料を 2 枚の平行板で鋏み，適当な荷重下で試料の変形速度を測定すれば良いということになる．もし測定温度を上げながら試料高さを測定すれば，上記の粘度範囲 10^9～10^5 dPa·s を 2～3 時間で測定できるというものであった．

---

*6　実際の適用には試料の断面積変化による実効加重の補正 (H/H_0) を分子に掛ける．

測定装置

VSL で初めて組み立てた装置は図 2-2 (a) のようなものであった.

$10^5 \sim 10^9$ dPa·s という5桁の粘度範囲を測定することを具体的に見積もってみる. たとえば試料円柱が 10 mm 直径, 5 mm 高さであり, 200 g の加重を掛けたとして粘度 10^5 dPa·s の場合その変形速度は 2.77 mm/s, 10^9 dPa·s では 0.277 μm/s となる. それで, 前者では高速測定が, 後者では高感度な高さ測定が要求される. VSL での対応は, 高感度測定には"差動トランス", 高速測定には"マイクロコンピュータ"がその答えであった. 図 2-2 (a) で使用している差動トランス (LVDT) は Transtek 社製で 0.7 inch の直線作動域を持ち, その出力は 24 V 駆動のとき (1.677±0.001) mm/mV であった. 使用したマイクロコンピュータは 50 ms 程度の取り込み速

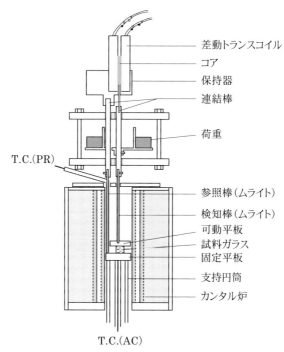

図 2-2 (a) 平行平板粘度計 [6]

度であったので，LVDTとの組み合わせでこの程度の粘度範囲は測定可能ということになる．図 2-2 (a) の装置では平行板や支持棒にムライトを使っているが，LVDT のコアとコイルの支持はなるべく温度的に対称となるように設置し，熱膨張の影響を避けた．

実測定の前に，感度の補正，加熱による熱膨張の補正，温度分布，その他測定結果に影響する必要な補正因子を求めたことは当然である．

図 2-2 (b) は VSL での経験をもとに，帰国してから組み立てた平行板粘度計である．

図 2-2 (b) の装置は Transtek 社の差動トランス 242-000 型（直線範囲 ±0.25 inch，出力 ±4.2 V）と富士通のパソコン FM8 を基に設計した．

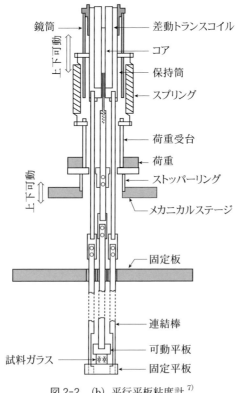

図 2-2　(b) 平行板粘度計 [7)]

LVDTを正立型光学顕微鏡の鏡筒内に組み込んだのが特徴である．鏡筒の上下動，載物台のメカニカル・ステージが利用でき，x-y, z方向の自由度がある．荷重台をスプリングで吊ったのは試料高さが減少したときに加重を減少させる目的であったが，所期の目的に合致する特性をもつスプリングが得られず，実際には使用していない．

　この装置はボロシリケートやオキシナイトライドガラスなどの粘度測定に使用したが，そのための加熱炉には棒状シリコニット8本を発熱体として井桁に組み，中心に炉芯管を通してその下部からArガスを流した．測定部は気密でないが下部は密閉し，上部は割り形の蓋を用いてなるべく通気抵抗を増すようにした．この装置ではステンレス製の棒を試料の吊り下げに使用しているが，熱膨張率の小さい，耐酸化性のある材料に変えた方が良い．炉内温度分布はどうしても半径方向に傾斜がつくのでLVDTのコアとコイルの支持が熱的に非対称となる．あらかじめ測定スケジュールに従った熱膨張の補正（非定常）を施す必要がある．

試料と測定

　測定上の注意として大事なことは試料の作製である．ガラス試料の作製には多く溶融法がとられる．るつぼに原料を入れ，溶融により均一化し，適当な鋳型，あるいは定盤に流し，凝固する．平行平板法の測定には円柱試料が必要である．円柱状の鋳型に鋳込み，その端面を研磨して平行面を得るが，平行面を得るには機械加工が必要である．また，ある程度厚みのある板を作り，そこからボール盤で円柱を割り出す．ダイアモンド・ホーラーを用いると便利である．装置の平行板調整も難しいが試料の平行面出しも難しい．なお，経験によると側面の整形は端面の整形ほど気を遣う必要はない．円柱鋳型へのas castでもさして気にすることはない．円柱端面は十分注意して平行に仕上げることが大切．もちろん試料体積は平行平板の面積と最終の試料高さによって制限される．

　マザーガラスの利用は前節で述べた通りである．また，試料ガラスの除歪

は行うに越したことはないが，多くの場合 as cast でも測定結果に及ぼすところは少ない．ただ，気を付けないと加熱途中で試料にクラックが入ることもある．

　平行板と試料の直接接触はなるべく避けるがよい．条件によっては平行板が試料によって腐食されることがある．また平行板と試料の濡れが悪いと試料の拡がりが阻害され，ビア樽形の変形を起こす．それがどの程度粘度測定値に影響するか判然としないが，誤差をもたらすことは確かで，できれば避けたいものである．白金板や白金箔などの使用が有効な場合もあるが，板の反りや箔の皺に注意が必要で，試料との密着性に注意する．

　その他一般的な注意はスラグやガラスの取り扱いと同様である．

結果―温度変化

　平行板の粘度測定は通常昇温過程で行う．従って試料の粘度は常に減少する過程にある．前項で述べたが，試料の端面が平行でないと平行板の面と片当たりする．つまり，全面接触でなく一部分が接触する．加重が集中するのでこの接触部分から変形が始まり，次第に全面で接触するように変形してゆく．従って，測定結果は測定の初期，相対的に大きな変形速度をもたらして見かけ上低粘度を与え，変形が進むにつれて見掛け粘度は相対的に高くなる．他方温度の上昇とともに粘度は減少するのでその競合としての見掛け粘度が与えられる．その様子は図 2-3 の測定初期，つまり低温側に現れる．全体を眺めて，初期の低粘度部分の測定値は信頼度が低く，棄却されるべきである．

　平行平板法は対象がガラスである．ガラスの粘度測定は通常，ある特定な粘度を与える温度で表示されることが多く[7]，粘度を温度の関数として与えることはむしろ少ない．逆に言えば，広い温度領域の測定をカバーするところに平行平板法の特色がある．

---

[7] 9節表 9-2 参照．

(a)

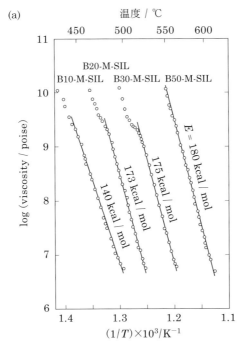

(b)

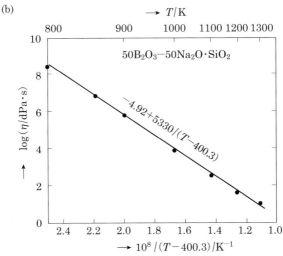

図 2-3 B$_2$O$_3$-Na$_2$・SiO$_2$ 系の粘度. (a) Andrade フィット (ガラス) (B10-M-SIL は 10 mol%B$_2$O$_3$-90 mol%Na$_2$O・SiO$_2$ を意味する), (b) Fulcher (ガラス〜メルト)

粘度の温度変化を示す関係式として液体について通常用いられる $\log \eta \sim 1/T$ のプロットは，ガラスの広い温度領域については成立しない．その代わりパラメータを3つ持つ Fulcher の経験式が実験的に良く成立する．

$$\log \eta = A + B/(T - T_0) \tag{2-4}$$

ここで A, B は定数，T_0 は温度の次元を持つ定数である．

　液体での測定は通常，ガラスに比較すると狭い温度範囲であり，アレニウス型の Andrade の式；$\ln \eta = A + (E/RT)$ が成立することが多い．ガラスの場合の Andrade fit と Fulcher fit の一例を図 2-3 (a)，(b) に示す[7]．

　Andrade のプロットでは直線の勾配から活性化エネルギー E が求まる．E は流動機構を論ずる際重要な役目を果たすが，Fulcher プロットでは式の形からして B がややそれに対応する．なお，T_0 は空孔理論との対比から，空孔の消滅する温度と考えられる．ガラスにおける流動機構が温度によってどのように変化するのか筆者に十分な知識はないが，見かけ上活性化エネルギーが温度とともに変化することは流動機構が単純な，あるいは単一なものでないことを暗示するものかも知れない．液体からガラス，あるいはガラスから液体への見掛けの相変化プロセスにはまだ未知なことが多い．

考察—加圧力（実効荷重）の変化—動的と静的

　平行平板法の式 (2-1)，(2-2) は大きな試料変形を想定していない．しかし，現実の測定はかなり大きな変形を伴う時間的，温度的領域で行っている．そのため，多くの測定では測定末期に測定された粘度値が期待した値より高めになる．はじめはこの傾向を試料の形状が円柱から外れるためであると考えていた．しかし，試料断面積が大きくなると変形を生じさせる圧力（実効荷重）は単位面積当たりで変形初期よりも小さくなる．この効果を除くために (2-3) 式に (H/H_0) を補正因子として乗ずる．すると，この測定末期の見掛け粘度の期待値より高めの偏倚は解消され，全体がスムースな曲線に乗るようになる．第4節で述べるガラス～液体の連続測定で触れるが，

この補正は有効である.

　平行平板法は試料作製に手間が掛かるが,測定そのものは比較的容易で,かつ粘度を温度の関数として求められる有利さがあり,ガラスの粘度測定法として有力である.なお,昇温中にガラスの分相や結晶化が起こると,粘度の測定に顕著に反映されるが[8],これもある意味,ガラス研究上有効な手がかりを与えてくれる.

　この平行平板法は本質的に昇温過程で測定する動的測定法である.従ってそれぞれの測定温度と平衡する値とは食違いを生ずる.荷重を支えるストッパーを利用して荷重による変形を食止め,ある温度の平衡状態を実現してからストッパーを外して変形速度を測定し,次にまたストッパーを掛けて次の温度の測定をする,という繰り返しで温度依存性を追跡する準静的測定を試みると,飛び飛びではあるが温度とほぼ平衡する粘度値が得られる.実際には一定温度に保持する時間もどの程度保持すればよいのか,その温度における粘度との兼ね合いで(緩和時間)一概に決められない.結局,試行錯誤で決めることになる.それは昇温速度を変えて測定し,昇温速度に依存しない粘度測定をするのと同じことになる.かつて NBS-711 の粘度標準ガラスを用いて測定した準静的測定と昇温測定の結果を参考までに図 2-4 (a), (b) に示した.(a) 図で標準値より低めの値を,(b) 図で高めの値を示しているのは,前述のような理由によるものであろう.

　お終いに試料体積の膨張について触れておく.基礎式に体積の項が入っており昇温過程で測定すると必然的に体積膨張の影響が加わることになる.いま測定温度範囲の平均の線膨張率を α とすると,

$$\begin{aligned}
&(\eta + \Delta\eta)/\eta \\
&= 3V(3\pi H^3 + V)/[3(V+\Delta V)\{3\pi H^3 + (V+\Delta V)\}] \\
&\fallingdotseq 3V(3\pi H^3 + V)/[3V(3\pi H^3 + V)(1+3\alpha T)^2] \\
&= 1/(1+6\alpha T)
\end{aligned} \quad (2\text{-}5)$$

平行板の測定では昇温過程で室温から試料高さのモニターを行っている.試料によっては軟化温度直前で急に大きな膨張を示すものがある.そのような

とき室温での体積をそのまま用いることは危険であって，室温から軟化点までの平均の線膨張率を実測から求め室温での体積に補正を加えると良い．もちろん別途文献値を利用することもあり得るし，それぞれの温度での体積補正も可能である．

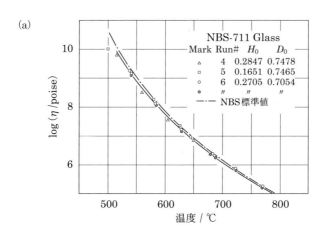

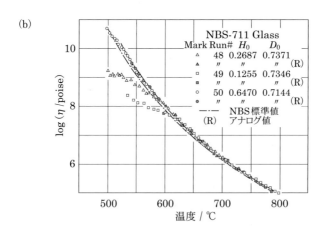

図 2-4 (a) 準静的測定（NBS-711），(b) 動的測定（NBS-711）（単位：cm）

3 外筒回転型粘度計
(Outer Cylinder Rotating Viscometer)

　下水汚泥の減容化のために汚泥を乾燥・溶融するプロセス開発の一部；"溶融・凝固"に関係したことがある．溶融～凝固プロセスを制御する一つの重要なパラメータが汚泥スラグの粘度であり，その測定に適する粘度計の設計を依頼された．ロトビスコももちろん有力候補であるが，"測定装置としてもう少し使い勝手の良いものを"と考えたのが以下の粘度計である．

　回転粘度計には図 3-1 に示すような色々な種類がある．大別すると内筒回転/外筒静止型 (A) と内筒静止/外筒回転型 (B) に分けられ，さらにトルクの検出方法によって分類できる．それぞれ特色があり，使い勝手や感度，使用粘度域などによって選択される．

　ここで選んだのは外筒回転型で，原理的には先のロトビスコと同じ回転円筒法であるが，ロトビスコが内筒回転型であるのに対し，るつぼに相当する外筒を回転させ，内筒でトルクを測定する外筒回転型の粘度計を試作した．トルク測定と回転を同一の円筒で行うロトビスコ型より，回転機構とトルク検出を分離するほうが製作しやすいと考えたからである．手始めにバラックセットを組んでその特性を調べ，それを基に設計して試作機を作った．目標は $10^0 \sim 10^3$ dPa·s，～1500℃の使用条件下で回転トルクを直接測定することである．

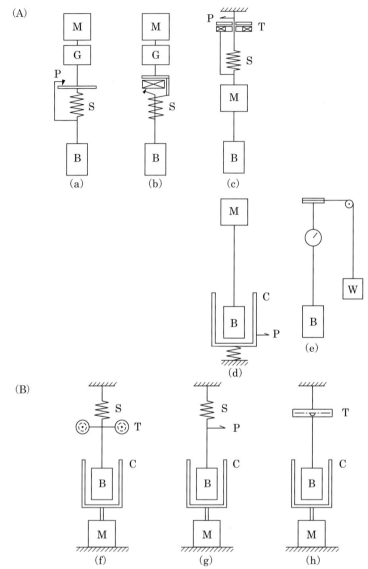

図 3-1 各種の回転円筒法[9].
(A) Searle 型（内筒回転），(B) Couette 型（外筒回転）．M：モーター，G：回転速度可変機構，B：検知円筒，P：指示針，S：スプリング，T：トランスデューサー，W：荷重，C：試料容器

測定原理

1節の図1-2のように円筒間に液体を満たし,外筒を回転したときに内筒に働く液体の粘性抵抗(トルク)Mは1節の式(1-6)を書き換えて

$$M = 4\pi h\eta\omega/(1/R_2^2 - 1/R_1^2) \tag{3-1}$$

従って,内円筒の側面長さh,内筒半径R_2,外筒半径R_1,およびその回転速度ωが既知であれば回転トルクMの測定から粘度ηが求められる.市販の粘度計にはトルクを直接測定するものは少なく,通常トルクに比例する力を測定し,検量線によって粘度を求めている.ここでは回転軸に取り付けたプーリーに働く力を直接測定することでトルクの絶対値を求めた.

測定装置 [10)]

図3-2に予備テストに用いたバラックセットを示す.室温の実験である.るつぼの回転には速度可変のスターラー,回転軸に取り付けたプーリーの直径は20 mm,それに働くトルクをW線を介して上皿電子天秤で直接測定した.

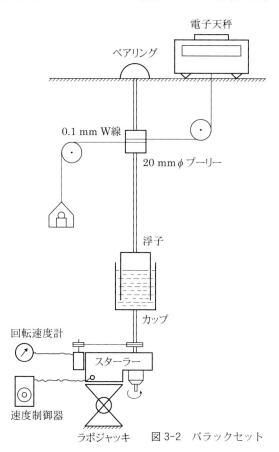

図3-2 バラックセット

図3-3に2種類の粘度標準液を用いた測定結果の一部を示す．図中に測定容器の寸法を示した．容器は真鍮製である．容器の寸法から (3-1) 式に従った計算値を図中 100 rpm の位置に図示した．実測の約80%である．実測に用いた内筒は中空で内部にも液体が満たされている．おそらく，この内筒内部の液体にも外筒回転によるなにがしかの速度勾配を生じているであろうが，それによる粘性抵抗が加わると計算値より実測値が大きくなる．その他，トルク測定系の摩擦などのエラー要因が考えられ，予備実験としては，ほぼ満足できる結果と判断した．

　この予備実験を基にして試作した粘度計の全体図を図3-4に示した．図3-5は回転るつぼと内筒の寸法である．これらは予備実験用にはアルミ製，

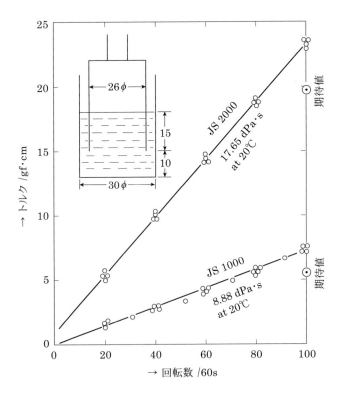

図 3-3　粘度標準液による粘度計の検定（単位：mm）

3 外筒回転型粘度計

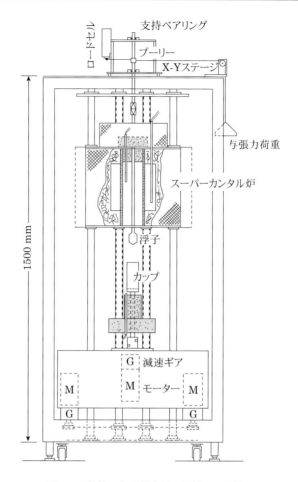

図 3-4　外筒回転型粘度計と加熱炉の全体図

実際の測定用は黒鉛製である．外筒の回転るつぼは底面に穿った孔に摺り合わせたアルミナ管（SSA-S）で支えられ，このアルミナ管の下端をギアヘッドで減速したシンクロナス・モーターに接続した．内筒の柄には孔を穿ってアルミナ管を嵌合しアルミナ細管でピン止めした．いずれのアルミナ管もSSA-Sクラスである．加熱炉にはスーパーカンタル発熱体8本を用い，常用1700℃，最高1800℃，1550℃レベルで±5℃の均熱帯を 80 mm 長さで

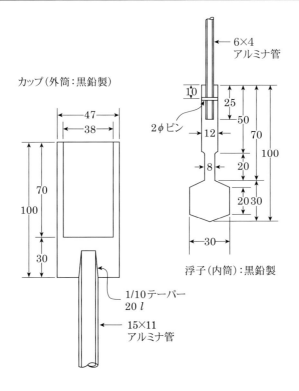

図 3-5　測定用カップ（外筒）と浮子（内筒）の寸法（単位：mm）

得た．図 3-5 のるつぼ寸法と比較して十分とは言えないが，融体試料の全長は十分この範囲に納まっている．

　トルクの検出にはエー・アンド・ディー社のロードセル LC4101-G600 型を用いた．規格は最大秤量 600 g，分解能 1/4000 である．これを秤量 200 g，分解能 0.05 g で用いた．プーリーの巻き線には 0.1 mm 径のインコネル線を用い，一端をロードセルに，他端は滑車を介して錘受けに結び，張力を与えるため 20 g の分銅を載せた．粘度標準液を用いた較正結果の一例を図 3-6 に示した．図中 G は単位回転数当たりのトルクで G_{obs} は実測から，G_{cal} は図 3-5 の寸法から内筒を首，肩，胴，底の部分に分け，それぞれの部分に (3-1) 式を当てはめて計算したものである．

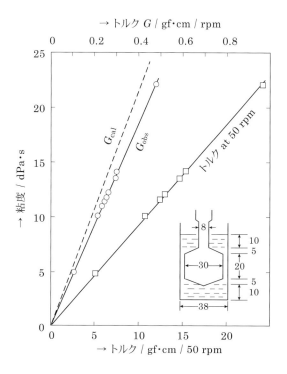

図 3-6 標準試料による測定結果（単位：mm）

　回転外筒の芯出しは，直交する4本の押しネジを2段に備えるステンレス製円筒型コネクターのネジ押しで調整した．室温での調整は比較的容易である．しかし，甘い締め方だと加熱測定後のチェックで大きなブレを来すことがある．均等な圧力で締めることが肝要である．回転軸の支持方法は回転法の根幹をなす基本的問題であるが，これと言った決め手はない．接続部の温度変化をできる限り避けることが大切である．なお，回転軸の煽り（傾斜）調節機構があると大変便利であった．

測定と測定結果の評価

　測定装置は図3-4のようにかなり大袈裟なものとなっている．その基本は炉の昇降機構とるつぼの回転および昇降機構からなっている．トルクの検出を担う内筒は常に同一の位置を保っている．るつぼに試料を入れ，回転軸を合わせ，炉を下降して試料を溶融する．次にるつぼと炉の双方を同時に上昇して内筒をるつぼの所定位置に沈め，所定温度でるつぼを回転してトルクを測定する．以後，順次温度を変えて測定を行い，最後はるつぼと炉を下降して内筒を融体から外し，全体を冷却する．なお，加熱中は炉下部から保護ガスとしてAr-3% H_2を流し，試料近辺を中性ないし弱還元性雰囲気に保った．冷却後，回転部，トルク検知部の形状を観察すること，回転状態のチェック，試料の観察，必要に応じた分析など，測定が正常であったか否かの吟味は当然である．

　イギリスのNational Physical Laboratoryが主唱し，国際共同研究として共通試料によるスラグ高温粘度測定を実施したこと（1991）がある．そのとき配布された試料を本装置で測定した．その結果を図3-7に示す．図中上下のハッチはこの標準試料を測定したいくつかのEU内および日本の研究機関（大学を含む）による測定結果である．3回独立に行われたここでの測定結果は1200〜1350℃の範囲で非常によい一致を示している．1400℃以上の結果はややバラツキが大きく，かつ$1/T$のプロットにおいて直線からの外れが目立っている．

　使用した容器が黒鉛であることから高温で酸化物試料の還元が起きることは避けられず，おそらく還元反応の影響（気泡発生，黒鉛の粉化・分散，など）によるものと思われる．NPLのレポートでも金属製の測定容器使用を推奨している．図は黒鉛の持つ反応性という弱点を除けば本装置の妥当性を示していると見て差し支えないであろう．

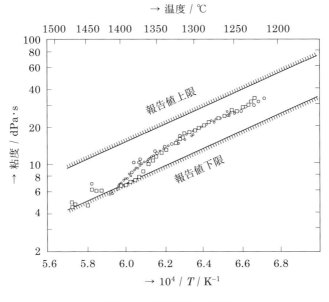

図 3-7　共通試料との比較

考察―装置の検定―結論

　還元性など，容器と試料の反応を別としても，高温における測定には，内筒，外筒の熱膨張の影響が避けられない．装置定数を高温で定めればその影響は低減できるが，高温で信頼できる標準物質はほとんど入手不可能と言って良い．そこで大雑把に熱膨張の影響を (3-1) 式から見積もって見る．装置定数 K を $\omega\eta = K \cdot M$ と定義すると，式 (3-1) より

$$K = (1/R_1^2 - 1/R_2^2)/4\pi h \times 0.1047 \qquad (3\text{-}2)$$

ここで定数 0.1047 は回転の角速度 rad/s から min 当たりの回転速度 rpm への換算係数である．回転容器，内筒の熱膨張を考える．線膨張率を α として θ℃における装置定数 K_θ は (3-2) 式の R, h にそれぞれ $(1+\alpha T)$ を掛けて

$$K_\theta = K/(1+\alpha T)^3 \qquad (3\text{-}3)$$

となり，室温の値より小さくなる．黒鉛では 1400℃で $\alpha \fallingdotseq 0.5\%$ であるから K_{1400} は室温の値より約 1.5% 程度小さくなるものと予想される．

　この測定は 4℃/min の昇温速度で連続測定しており，炉内温度と試料温度の間に温度差が生じている可能性がある．これは昇温速度を変えて測定することで判定できる．ここでの測定では何回かのブランクテストにより温度の追従速度は 2～3 min と推定された．これから，8～10℃の温度差を測定温度と試料温度の間に生ずることになり，その分，温度軸をずらして考える必要がある．

　これらの補正もさることながら，現実には回転軸の偏芯や回転に伴う測定トルク値の揺らぎなどがこれらの補正を十分にマスクしており，偏芯対策や揺らぎの低減などが先決である．

　図 3-4 に示した装置は炉体が大きく全体として大型のものとなったが，加熱炉の作り方次第でもっとコンパクトにすることは可能である．外筒回転型としてトルクの検出と回転機構を独立にすると，装置的にも測定上も利点が多い．他方，ロトビスコのように試料に浸せば良いという簡便さは失われる．総合的に見て，「回転円筒法を採用するならば外筒回転型の粘度計にしたい」のが筆者の結論である．なおここではトルクの検出器を 1 個使用しているがこれを複数とし，次節で述べるように対称位置に検出器を配置して測定することが望ましい．それによって内筒のブレに起因するトルクのノイズを打ち消すことができる．

内筒端面の形状効果

　以上，外筒回転型の粘度測定について述べてきたが，以下にボブ（内筒）の底面効果について若干机上の空論を述べてみよう．というのは，予備実験では逆カップ型のボブを用い，本測定では円錐型の底面を持つボブを用いている．その差について考えたのが話の発端である．

中刳りしたカップ型のボブは，外筒を回転しても静止しているカップの内側にある液体は静止しており，ボブの内面には外筒回転によるトルクは生じない．だから端面の効果はないと期待している．しかし現実にはカップの下方の液体には回転運動があり，その運動量はカップの内側にも伝達される．これは液体に粘度がある限り避けられない効果である．その運動量の輸送がどの程度カップの内部にまで侵入するかを解析的に解くには境界条件の設定が難しい．このタイプのボブでは端面の効果が無視できるという説と無視できないとする説の双方があるが，一般には無視できないと考える方が無難である．我々の予備実験結果も無視できないことを示している．もちろん，カップ状のボブは円柱状のボブより端面効果が少ないと期待されるが，実際問題としてその製作はそれほど容易ではない．むしろ端面を円錐型に加工して端面効果をフラットな端面より軽減する方が実用的である．そのような観点から図 3-5 のボブを採用したが，その円錐端面の効果をここで見積もって見ようというわけである．話の筋として，円錐形端面の効果を考える前に，まずフラットな底面を持つ場合の従来の取り扱いから始めよう．

　通常，端面効果を評価するのに用いる実験的手法は，同一半径 R_2 で長さのみ異なる 2 個の内筒を用い，内径 R_1 の外筒中での回転トルクを測定して，過剰なトルクを与える端面の効果を見かけ上ボブの長さが Δh だけ長くなったものとして処理する．内筒長さを h_1, h_2 とし，角速度 ω で回転した時のトルクを M_1, M_2 とするとトルクは (3-1) 式で与えられるから，

$$\eta = (R_1^2 - R_2^2)/4\pi\,(h_1 + \Delta h)\,M_1 R_1^2 R_2^2 \omega$$
$$= (R_1^2 - R_2^2)/4\pi\,(h_2 + \Delta h)\,M_2 R_1^2 R_2^2 \omega$$
$$\Delta h = (M_2 h_1 - M_1 h_2)/(M_1 - M_2) \tag{3-4}$$

から Δh が求められる．この値は内筒，外筒のディメンションと液体の粘度に依存する．従来の研究結果によれば円筒間のギャップ ($R_1 - R_2$) が大きいほど，またギャップ一定ならば R_2 の値が大きいほど，Δh は大きく，底面間の距離が 10 mm 程度以上で Δh はほぼ一定，液体粘度は 1 dPa·s 以上で Δh は略一定（≒ 0.6）になると言われている[11]．要するにボブの底面に生ず

るトルクを側面のトルクに換算し，側面長として表示しようということであり，実験的には底面の形状と無関係である．ここでは端面に働くトルクを計算から求め，側面のトルクに換算して Δh を試算してみる．

次節に出てくるが，フラットな面に頂角の大きい円錐の頂点を押し当て，平面と円錐面の間隙に液体試料を充填して回転し，その時のトルクを測るという円錐/平板法がある．この方法は剪断速度が到るところ等しいという特長があって非ニュートン流体の測定に適している．また円錐板の代わりに平板を用いた平行平板回転法もある．それらの方法で用いられているトルクの計算を適用して，ここで用いた円錐形端面を持つボブの底面の影響を見積もってみる．図 3-8 に示したように，半径 r 位置における剪断速度 D_r は回転角速度を ω として，$D_r = r\omega/(r\tan\theta + d)$ だからボブ端面の微少底面積に

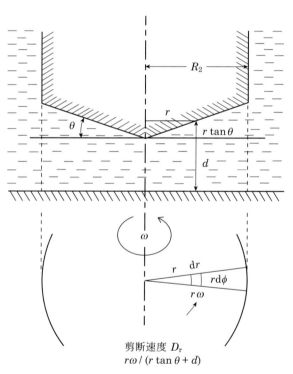

図 3-8　端面形状とトルクの模式図

及ぼすトルク ΔM は

$$\Delta M = \eta r D_r (r \mathrm{d}r \mathrm{d}\phi) \tag{3-5}$$

従ってボブの端面全面積によって生ずるトルクは

$$M = \eta \omega \int_0^{R_2} \left[r^3 / (r \tan\theta + d) \right] \mathrm{d}r$$
$$= (2\pi\eta\omega/(\tan\theta)^4)\ [(1/3)(R_2 \tan\theta)^3 - (d/2)(R_2 \tan\theta)^2$$
$$+ d^2 (R_2 \tan\theta) - (d)^3 \ln|R_2 \tan\theta/d + 1|] \tag{3-6}$$

(3-6) 式によって端面に生ずるトルクをボブの頂角，るつぼ底面との距離の関数として推算できる．端面がフラットな場合，および，$\tan\theta = 0.3333$，0.4444，0.5，0.6667，つまり端面のテーパーが 0.5/1.5，0.6667/1.5，0.75/1.5，1/1.5 のときに端面に働くトルク M が底面からの距離によってどのように変化するかを図 3-9 に示した．縦軸はトルクの相対値で，底面からの距離がボブ半径に等しい時の値 M^0 によって規格化した．今の場合，$d = R_2 = 15$ (mm) のときの値を基準とし，ボブに働くトルクが底面との距離によってどのように変化するかを示している．

　予想通り，距離が短くなるとトルクは急激に増加し，ボブの頂角がフラットに近いほどその変化は激しい．ボブと底面の距離がボブ半径程度以上に開くとトルクの距離による変化は少なくなり，また頂角の影響も小さくなる．つまりボブの浸没位置が多少狂ってもその影響は少なくなる．

　端面に働くトルクが求まるので，それに相当する側面のトルクに換算でき，(3-4) 式の Δh に対応当する値が求まる．表 3-1 に計算例を示す．図 3-6 のボブ－るつぼの組み合わせに相当する計算値は $\tan\theta = 0.3333$ の欄であるが，実測の条件は底面との距離 10～15 mm であるから Δh は 1 mm 以下と見積もられ，ボブを沈める条件が多少狂っても，それによる変化は 0.2 mm 程度，ボブの側面長さ 20 mm に比較すれば，1 % ほどである．なお，頂角を大きくすれば端面の影響はさらに小さくなるが，ボブの全長を長くすることになり，結局，るつぼの丈を長くすることになる．これは溶解炉の均

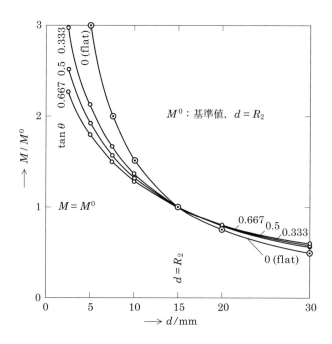

図 3-9 ボブ～るつぼ底面間の距離とボブ端面に働くトルクの関係

表 3-1 ボブ端面の影響とボブ頂角の関係（るつぼ径 40 mm，ボブ径 30 mm）

単位；mm

$\tan\theta$	0.3333	0.4444	0.5	0.6667
d	Δh	Δh	Δh	Δh
2.5	1.93	1.61	1.49	1.21
5	1.38	1.21	1.13	0.96
7.5	1.08	0.93	0.89	0.80
10	0.88	0.81	0.77	0.69
15	0.65	0.61	0.59	0.54
20	0.51	0.49	0.47	0.44
30	0.36	0.35	0.34	0.32

熱帯長さとのかね合いで限度があり，全体のバランスを工夫することに帰着する．

端面に働くトルクは (3-6) 式による限りボブの半径と底面～ボブ端面間の距離，それとボブ頂角の関数でるつぼの径には依存しないが，ボブ側面に生ずるトルクがるつぼ半径に関係することから，Δh に換算するときに間接的な影響を受ける．そこで，るつぼとボブの半径を変えて Δh が変化する様子を計算した．その結果が図 3-10 である．ボブとるつぼの直径を 30/40，40/50，50/60 (mm) とした時の Δh を $d = R_2$ の条件で求めたものである．ボブの頂角，$\tan \theta$ をパラメータとしている．ボブの端面に働くトルクは半径の 3 乗に従って増加するが側面のトルクはるつぼ～ボブ間のギャップ一定という条件では端面ほどには大きくならず，結果として，測定系のディメンションが増すと端面と側面のトルク比である Δh は図 3-9 のように漸増する．なお，ここでの計算はるつぼとボブの底面間ギャップを一定としたものあることを注意する．

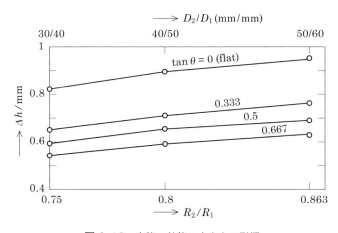

図 3-10　内筒，外筒の大きさの影響

4 球貫入・平行板変形 / 回転粘度計[12]
(Sphere Indentation-Parallel Plate Deforming/Rotating Viscometer)

　36年間の大学での研究生活を終えてから当時の社長・長崎さんの好意でアグネに移り，自分興味での研究ができることになった．テーマの選択権こそなかったものの，ある意味で自由であった30年前の助手時代に戻った感じである．アグネに移ったちょうどその頃，ガラス試料の溶融特性として粘度測定の必要性に当面するようになった．大学での測定は，メルトはメルト，ガラスはガラスでありその中間領域に面白そうな研究テーマがあることは解っていても中々手が出せなかった．それはガラスとメルトの中間領域に適当する測定法がなかったことと，時間的制約，つまり学生を預かることによって生じる年度ごとの成果主義によるものであった．アグネには"時間"があった．自分自身，納得できるまで一つのことを続けられること，これは掛け替えのない贅沢である．

　ガラス～メルト領域の測定で思いついたのが平行板粘度計を回転させることである．平行板回転粘度計は知られていないが，類似の粘度計として円錐－平板粘度計が高分子液体の粘度測定に使われている．これは図4-1に示したように，円板とそれに頂点を接する円錐板の間隙に試料を鋏み，回転によって生じる粘性抵抗を測定する方式である．円錐板を使用することにより垂直方向の，つまり円錐板と平板との間にできる速度勾配が半径に依存しなくなるメリットがある．これは回転速度によって剪断速度勾配が一義的に定まることを意味し，見掛け粘度に速度依存性がある非ニュートン流動の流動

4 球貫入・平行板変形/回転粘度計

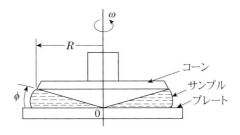

図 4-1　円錐-平板粘度計

特性を求める際有利に働く．平行板の回転ではこのような長所は失われるが，ニュートン流体に対しては剪断速度の影響を考える必要がなく，流速が平均値として定まれば十分である．従って，平行板を回転させる粘度測定も可能である．そこで，ガラスの粘度測定における平行平板粘度計をメルトの測定にまで拡張すること，さらにガラスの高粘度範囲を測定するために針または小球の貫入法を併用することを考えた．これらの方法を直列に繋いで測定できれば，広いガラスの粘度範囲とメルトの粘度を連続して測定できる新しい測定方法となり得るだろう．

測定原理

測定法の原理図を図 4-2 に示した．球貫入法と平行平板法，それと平行板回転法をカスケードに実施する測定法である．球貫入は既存の方法，平行平板法は2節で述べた．新規な方法は平行板回転法である．初めは針付きの平行板を用いて実験したが (Spiked Parallel Plate Deforming/Rotating Viscometer) 針付き平行板は取り扱いが面倒であり，実験上，小球を用いる方が容易である．そこで針貫入はテストのみに止め，以後，小球貫入で測定している．

　直径 10 mm 程度の円柱状に整形した試料を直径 2 mm 程度の小球上に載せ，それらを平行板で挟む．荷重を掛けて全体を加熱，一定速度で昇温する．平行板の間隔，すなわち試料の高さを時間に対して連続的に観測する

41

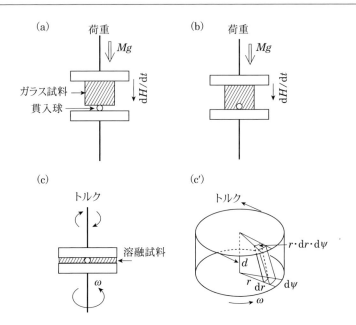

図 4-2 (a) 球貫入法，(b) 平行板法，(c) 平行板回転法，(c') 回転平行板に働くトルク

と，荷重の圧力は小球を介してガラスに作用しているからまず小球がガラスに貫入する．球の貫入速度 dl/dt を求めると，粘度は次式で計算できる．

$$\eta = (9/32)(2/3)[Mg/(2rl)^{1/2}(dl/dt)] \tag{4-1}$$

この式は加重 M によって時間 t の間に球体が粘度 η のガラス試料に貫入する深さ l を求めた Douglas の式 [13)]

$$\eta = (9/32)[Mgt/(2r)^{1/2} l^{3/2}] \tag{4-2}$$

を時間について微分したものである．なお，g は重力加速度である．

(4-1) 式が貫入速度を観測するのに対し (4-2) 式は貫入距離という積分量を測定することになる．バッチの測定では積分量の測定の方が一般に精度を上げやすいが，ここでのような連続測定には積分量の観測は向いていない．

小球が完全に試料へ貫入すると，自動的に次の平行板加圧によるガラス円柱の変形が始まる．図 4-2 (b) である．ここでの変形速度には 2 節に述べた (2-3) 式が適用できる．ここでは高さ補正（変形に伴う加圧力の補正）を含めて (4-3) 式として再掲した．

$$\eta = (2\pi MgH^5)(H/H_0)/[3V(dH/dt)(3\pi H^3+V)] \qquad (4\text{-}3)$$

厳密に言えば試料中に小球が含まれる分だけの体積補正が必要であるが，試料のバルク変形に対して小球体積の寄与は体積比として 1% 強であり，この効果を無視している．

球の貫入深さ l もガラス試料高さ H もともに差動トランス（LVDT）で試料の高さとして観測されるが，l から H への観測対象の変化には変形速度の急激な変化を伴うので，dl/dt と dH/dt の区別は容易である．

平行板の加圧によるガラス円柱の変形が進み，最後は平行板が貫入球に支えられ，試料のさらなる変形は阻止される．$dH/dt = 0$ と $H \fallingdotseq 2r$；すなわち変形速度ゼロと試料高さが小球直径に等しいことが平行板による変形測定から回転測定への切り換え時期であり，測定プログラムでの判定条件となっている．

平行板回転法の模式図は図 4-2 (c) に示した通りである．図 4-2 (c) にあるように平行板の中心に小球が挟まれており，それが平行板の距離を規定する役目を果たしている．この球による回転抵抗はボールベアリングと同様，点接触の転がり抵抗であること，および回転軸の中心に存在すること（回転平板の中心にわずかな凹みを付けている）により回転のトルクに及ぼす影響は十分に無視できる．むしろ，この球が存在することによる平行板間の距離を規定できるメリットが大きい．

いまこの平行板の間に粘度 η のニュートン流体を満たし，一方の円板を角速度 ω で回転させ，他方の円板に生ずるトルク M を考える．円板の中心から r の距離における流体の剪断速度 D_r は平行板の間隔を d とすると，$D_r = \omega r/d$ で与えられるから，円板上の微小面積 $dr \cdot rd\psi$ に働くトルク dM は

$$dM = r\eta D_r(r \cdot dr \cdot d\psi) = \eta(\omega/d)r^3 dr \cdot d\psi \tag{4-4}$$

したがってトータルのトルクは円板半径を r_0 として

$$M = 2\pi\eta\omega r_0^4/4d \tag{4-5}$$

トルクの発生は平行板の間隙を満たす試料によるものだから，上式の r_0 と d を試料体積 V で置き換え，粘度の表式とすると

$$\eta = 2\pi d^3 \cdot M/V^2\omega \tag{4-6}$$

(4-6) 式で試料体積と平行板距離は既知であるから，ある回転速度を与えたときのトルクを測定すれば粘度が求められる．もちろん試料体積は $V < \pi r_0^2 d$ の条件を満たすことが必要で，さもないと試料が平行板よりオーバーフローする．もっとも，平行板からはみ出した体積は現実的に回転トルクの測定にさしたる影響は与えない．

注意すべきことは，平行板回転法では剪断速度が中心からの距離に従って変化することである．従って剪断応力が剪断速度に依存する非ニュートン流体の測定には適していない．非ニュートン流体の流動特性を調べるには剪断速度を規定できる円錐－平板法によることが望ましい．ただし，平行板回転法でもニュートン流動であるか否かの判定は可能である．

測定装置

測定の基礎となる (4-1)，(4-3) および (4-6) 式から解るように，この測定では小球の貫入，試料高さの減少および回転によるトルクを連続して測定しなければならない．従って試料を圧潰する上方の軸は垂直に可動であることと，ある範囲での回転に対する自由度が要求される．また，回転速度は試料を支える下方の垂直軸で検知する．高さと回転トルクを互いに独立して測定する仕組みを解決するのに苦労したが，何回かの試作を経て，最終的に図 4-3 の装置を組み立てた．

4 球貫入・平行板変形/回転粘度計

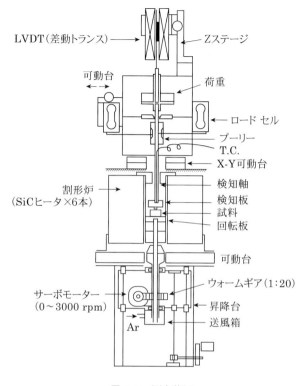

図4-3 測定装置

図4-3では試料高さの測定にLVDTを用い，そのコイルをZステージで保持している．

トルクの測定には対向する2個のロードセル（LC）を用いる．測定軸に直径20 mmのプーリーを取り付け，プーリーの接線方向に平行して2個のLCを設置する．LCはそれと対称位置に置かれたバランス・ウエイトに捲き線で結ばれ，その途中，プーリーを一巻きしている．このバランス・ウエイトにより適当な張力が捲き線に与えられ，プーリー上でのとりが防止される．ロードセルの出力とプーリー半径の積がトルクそのものに対応する．このように捲き線を用いることにより測定軸の上下運動の独立性をある範囲で確保している．なおこの装置はその後，次節の図5-4に示したように

LVDTの支持方法が改良されている．

回転数はサーボモーターの駆動電圧から求めている．言うまでもなく，これらの諸量は適当な方法であらかじめ検定されている．

試料の加熱にはSiC発熱体6本を用いた縦2つ割の手作り炉を用いた．試料回りを保護雰囲気に保つため，窓をもつアルミナ炉心管を炉に挿入した．窓を外して試料をセットし，窓を閉めて炉を被せ，炉芯管下部からAr-水素混合ガスを流し上部の開口部（蓋はある）から排出する．気密ではないので不完全ではあるが，炉芯管内部を外気圧より高く保つことによって試料近辺を不活性雰囲気に保っている．

測定プロセス

測定は自作した所定のプログラムにより自動的に進行する．各測定量を時間軸に対して図示したのが図4-4の測定ダイアグラムである．

まず推定した融解温度を中心に測定の温度パターンを決め，昇温度速度を温度コントローラーに入力する．同時に所要の測定温度間隔からデータ採取時間を定め，測定プログラムに入力する．測定を開始し，所定時間間隔で熱電対出力とLVDT出力をデータ・ロガーに取り込み，温度T，試料高さHを求める．昇温の始めに試料の膨張（$dH/dT>0$）が観測され，やがて試

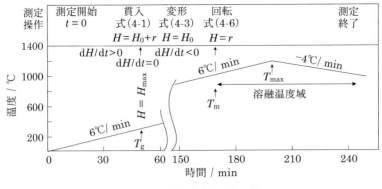

図4-4 測定ダイアグラム例

料の軟化によって dH/dt＜0 が観測される．この熱膨張の転移温度がほぼガラス転移点に相当し，この時刻以後，球貫入，平行板変形による粘度測定が行われる．ただ，貫入から平行板の測定に移行する際，どうしても試料端面と平行板の接触が片当たりとなり，試料の端面が完全に平行板と接触するまでは測定値の異常（見かけ上の低粘度）が起こる．試料端面の全面接触以後，正常な測定値が得られるが，試料の変形が進み高さが減少するとそれに伴って試料と平行板の接触面積が増加し，単位面積当たりの圧力は減少する．この圧力減少の補正（H/H_0）をしないと粘度値が高めに計算される．注意を要する点である．

　試料高さが貫入球の直径程度でその変化が止まり，かつ予想融解点を超えたら回転法の測定に入る（多くの場合粘度値が 10^3 dPa・s 以下）．一定の回転速度で下側の平行板を廻し，上側の平行板に働くトルクをロードセル（LC）で測定する．あらかじめ偏芯のないように常温でセットしてあっても，温度上昇にともなう膨張により，高温で芯振れが起こるのはむしろ普通で，ここでは左右のぶれによる過剰なトルクをキャンセルするように対向するLC を直列に繋いであるが，現状では，回転周期との兼ね合いで期待した効果を十分に発揮していない．つまり，データ採取時に LC 設置方向とぶれの方向が一致するという保証はない．選んだ回転数により，たまたまデータ取り込みの最適位置と取り込み時刻とがマッチすることがある．そのときはノイズレスの見事に揃った結果が得られるが，常にその条件を満たすにはデータ取り込みに新しい工夫が必要である．

　溶融状態の測定でも，回転数を一定とすれば，現状でも自動測定が可能である．ここでは，測定結果を観察しながら回転数およびその水準を選択したので，データ取得はその都度手動で命令している．もちろん，D/A 変換してモーターを駆動すれば測定トルクに応じた回転数で自動測定することも可能である．

　溶融状態では温度の下降方向でも測定可能であるから，溶融温度幅を150℃程度に取り昇温，降温の測定をして両者の比較をした．両者が一致していれば，その温度における平衡値と見なすことができる．

測定終了後,そのままで冷却すると,多く場合試料は破損・飛散するが,試料の一部はガラス破片として得られ,以後の検定,例えば分析や検鏡に使用できる.

測定結果―高さ(圧力)補正 [14]

ここではガラスからメルトへの連続測定と言う点に的を絞り,500～600℃に融点を持つ2種類の低融点ガラスG, Hに本法を適用した例を示す.3種の測定法の適用温度範囲を表4-1に示した.

測定した粘度の対数と温度の関係を図4-5に示した.図中■は(4-3)式で試料高さ変化(断面積変化)に伴う変形加圧力減少の補正を行わない場合,□はH/H_0を掛けて圧力の補正をした場合である.両者の比較から,試料

表4-1 測定法とその適用温度範囲

試料	測定法と適用温度範囲/℃		
	球貫入	平行板スリープ	平行板回転
G	430～465	475～530	545～585
H	465～495	500～565	570～690

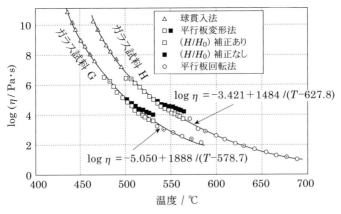

図4-5 低融点ガラスの粘度測定例

のクリープ末期に H/H_0 に補正が有効に働いていることが解る．なお，全温度範囲にわたる実線はFulcher式による実験点のフィッティングである．Fulcher式は

$$\log \eta = A + B/(T - T_0) \tag{4-7}$$

の形をした実験式で，ガラスの粘度を広い温度範囲にわたって表現できることで知られている．Arrheniusの式と比較すると温度項が異なっていて，$-T_0$項が加わっている．自由体積理論との比較から，T_0は自由体積が消失する温度に対応するとの指摘もあるが，とにかくArrhenius式よりパラメータが一つ多いので，Fulcherの方がデータをフィットしやすくなるのは当然である．なお，ここではフィットすべき代表点として貫入法から2点，平行板クリープからは初期と中期から各1点，回転法から3点をなるべく温度に対して偏りがないように選んでいる[*8]．Fulcher式が成り立つとすれば，図4-5からここでの測定がほぼ正当な結果を与えていると見られる．表4-2に実験的に得られたFulcher温度 T_0 と融点 T_m の関係を示した．なお，$(2/3)T_\mathrm{m}$は経験的にガラス転移点に近いと言われている．

図4-6は貫入と平行板変形法でパイレックスガラスの粘度を測定した結果で，ここでもクリープ末期に試料の高さ補正が有効であることが示される．ここで特徴的なことは，OPTとAGNで示される全く独立な装置での測定が互いに良く一致していることで，測定者も異なる（つまりハンドリン

表4-2　T_0 と T_m の関係

試料	T_0/K	T_m/K	$(2/3)T_\mathrm{m}$/K	T_0/T_m
G	578.7	803	535	73%
H	627.8	838	559	75%

[*8] 隣り合う2組のデータの差額を取ってAを消去した式を作り，次に T_0 を適当に定めて全測定式についてのBの最小自乗偏差を求める．次に T_0 を走らせて計算を繰り返し，最小のB偏差値を与える T_0 値を求めた．

グも異なる）測定結果が良く一致することは珍しく，高さ補正後はカタログ値にかなり近い．

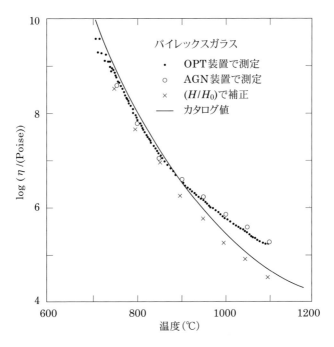

図 4-6　パイレックスガラスの粘度と温度の関係

5　円柱貫入/回転法[15]
(Cylinder Indentation/Rotating Method)

　前節で述べた平行平板法を中心にしたガラス～メルトの粘度測定法は測定範囲が広く確度も高い方法であるが，測定のためには円柱状に試料を整形する必要がある．このため，通常，試料を溶融し，適当な鋳型に鋳込み，それを切断，研磨するか，または塊状の試料からダイアモンドのコアドリルで円柱を剃りだして測定試料を作成する．このような切削プロセスではどうしても水を使う必要がある．水の代わりに灯油などの有機液体で代用することもできないことはないが，引火性などに注意が必要で余り勧められない．例えば，Na_2O-SiO_2-B_2O_3 系では水が使えるが K_2O-SiO_2-B_2O_3 系には耐水性がなく，この系の試料整形は困難である．なかには室内に放置するだけで潮解する試料もある．これら整形加工に耐えることが困難な試料には平行平板法の適用が望めそうもない．

　このような場合に対応するために測定の精度を若干犠牲にしても適用できる方法として円柱貫入/回転法を考えた．その狙いは，測定試料を作成するため，どの道一度は溶融処理が必要であるから，その溶融処理でるつぼに溜まったガラス試料に，るつぼ径に比べて比較的細い円柱を貫入させてその貫入速度から粘度を求め，さらに溶融した後は貫入した円柱を内筒と見立て，回転粘度計のようにるつぼを回転させ，その時貫入した円柱に発生するトルクを測定しようとするものである．原理的に新しいことは何もないが，貫入法としては太すぎる円柱，回転法としては細すぎる内筒，その折り合いを如何にすり抜けるか．以下に，その装置と測定法，その問題点を実例とともに述べる．

測定の基礎

図 5-1 に測定の模式図を示した．図 5-1 (a) は円柱貫入の模式図で円筒容器（るつぼ）内の試料ガラスへの円柱の貫入とその結果生ずる試料のカウ

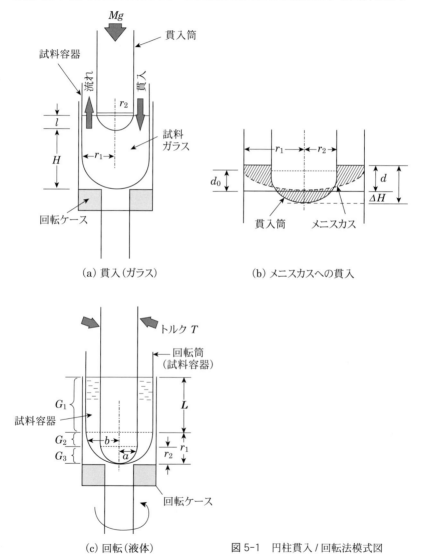

図 5-1　円柱貫入/回転法模式図

ンターフローを示している．貫入のごく初期には貫入抵抗だけを考えればよいが，貫入量が多くなればそれによって引き起こされる体積フローの抵抗も考える必要がある．図 5-1 (b) は貫入初期における貫入量の求め方である．"アズ・フローズン"の状態で，試料表面形状は液体の自由表面からさらに凝固収縮した形状を示すはずで，ここでは測定した凝固面の深さ d_0 とるつぼの半径 r_1 を用いた曲率半径 r_0 ($= (r_1{}^2 + d_0{}^2)/2d_0$) の半球面で近似している．

図 5-1 (c) は溶融後の状態を示したもので，貫入円柱はるつぼの底に達し，その先端がるつぼの中心 (底) に当たっている．このような模型を下敷きに粘度式を構築する．

図 5-1 (b) に対応して前節の Douglas の式 (4-1) を適用する (都合上 (5-1) 式として再掲)．

$$\eta = (3/16)[Mg/(2rl)^{1/2} (dl/dt)] \qquad (5\text{-}1)$$

ここでの貫入は平面への貫入ではなくメニスカス (球面近似) への貫入であるから，貫入距離 l の数え方が (4-1) と (5-1) 式では変わってくる．特に円柱貫入では貫入した体積が大きく貫入によって排除される体積の影響は無視できない．ここでは，図 5-1 (b) のように貫入体積が順次メニスカスを埋めてゆくと考える．流動性の良い液体に対してはこの近似が成立するであろうが，粘度の高いガラス状態ではおそらく塑性的な挙動が優先し，円柱の周囲はちょうどワイゼルベルグ現象のような盛り上がりを示すだろう．しかしそれを記述する適当な手段を持ち合わせていないので，やむなく図 5-1 (b) のように貫入量だけ試料面が上昇するという液体モデルで代用する．従って，ここで計算される貫入距離はおそらく現実の値より小さめ (粘度は高め) に見積もられることになるであろう．なお，Douglas の式を流体中の球体に働く Stokes の力と比較すると，(5-1) 式で $l = r$ と置いて Mg を半球体に及ぼされる力，dl/dt を速度とみなせば，数値的に (5-1) 式は Stokes 式と約 15% の差で一致する．ただし Stokes 力 f は半球に働くものとして，$f = 3\pi\eta r(dl/dt)$ としている．つまり通常の 1/2 とした．

(5-1) 式を適用する時，注意すべきことの一つに貫入球の半径 r がある．貫入球が小さいときには問題にならないがここでのように貫入円柱の先端が太い場合，貫入に伴って接触面積が変化し加圧面積に無視できない変化を生じる．そのためここでは，便宜的に (5-1) 式の r を貫入距離 l の関数として取り扱った[*9]．

　円柱の貫入が進み貫入体積が円柱と円筒容器の間隙を満たすようになると今度は，この円柱先端の貫入抵抗のほかに同心円筒間を流れる流体の抵抗が加わる．この粘性抵抗は流量を V として

$$V = (\pi/8\eta)(P/l)[r_1^4 - r_2^4 - (r_1^2 - r_2^2)^2 / \ln(r_1/r_2)] \qquad (5\text{-}2)$$

ここで，P はこの定常流の圧力差，l は管の長さである．V は貫入した円柱の長さから計算され，P は加えた加重から求められる．r_1, r_2 は形状値であるから結局，l の観測から粘度が求まることになる．

　この領域における円柱貫入の全抵抗は，①貫入距離の補正を伴う Douglas 式と，②同心円筒管を流れる流体抵抗の和として求められる．円柱先端を半球で近似し，かつ円筒容器内のメニスカスを球面近似すれば解析的な補正が可能であるが，実際にそのようにして求めた結果を前節の球貫入・平行平板法と比較すると，ここでの値は高めの粘度を与える．つまり，結果的には貫入量の見積もりが不足である．やはり初期の貫入量の計算で用いたメニスカスをフラットに埋めていくという仮定に問題があると思われるが，さりとて別案は思いつかない．標準試料の測定によって補正することも一案であるが，この補正には試料の粘度そのものが大きく影響すると思われるので，標準試料の粘度をもって測定試料の未知粘度に対する補正を求めることは一義的な意味を持たない．類似した温度特性を持つ粘度標準試料を用いれば現実

[*9] 貫入円柱の先端を半径 r_2 の半球で近似すると r と l の間に次式が成立する．
$$r^2 + (r_2 - l)^2 = r_2^2$$
従って (5-1) 式の右辺分母にある $(2rl)^{1/2}$ の項を次式で置き換える．
$$(2rl)^{1/2} = \sqrt{2}\, l^{3/4} (2r_2 - l)^{1/4}$$

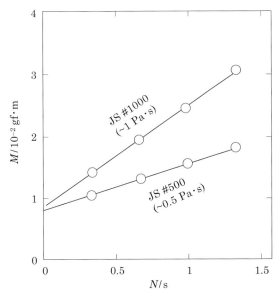

図 5-2 回転速度 N とトルク M の関係(粘度標準液)

的には参考になるであろうが普遍性は乏しい.

　試料の溶融後はるつぼを回転させて測定する回転円筒法になるが,通常と異なるところは内筒に相当する円柱の先端がるつぼの底と接触している点にある.一見その接触抵抗が大きそうに思われるが実際に測定してみるとさして大きな影響はなく,逆に両円筒のセンタリングに寄与している.図 5-2 に 2 種類の粘度標準液を用いて測定した回転速度とトルクの関係を示す.

　図 5-2 に見られるよう,回転速度とトルクの関係は極めて良い直線関係を示している.これは円柱の先端が容器の底と接触していてもその抵抗は回転速度に依存しないことを示している.一般に,動摩擦は静止摩擦より小さく,その抵抗は運動速度にあまり依存しない.そこで,ニュートン流体においては単位回転速度当たりのトルクを粘度のパラメータに使うのが便利である.

　いくつかの粘度標準液を用い回転速度当たりのトルクと粘度の関係を図示したものが図 5-3 である.見られるように良い直線性を示している.この

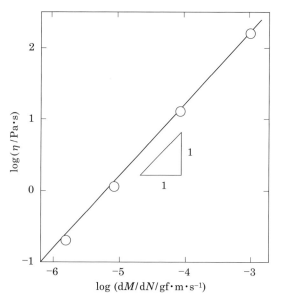

図 5-3　単位回転速度当りのトルクと粘度の相関

ようにすれば個々の測定に影響を及ぼす因子の影響を，それが回転速度によって変化するものでない限り除去することができ，測定精度の向上に繋がる．ただし，試料がニュートン流体であることを大前提としている．またこの方法は回転速度を固定して行うこととは根本的に異なることに注意してほしい．あくまでもトルクと回転速度の間に直線相関が成立していることを確かめることが必要である．

　計算式は回転円筒法と原理的に同じである．図 5-1 (c) のような幾何条件で内円柱先端の回転容器に対する接触抵抗を無視すると，回転角速度 ω に対応するトルク M は

$$M = (2\pi\eta\omega)(G_1 + G_2 + G_3) \tag{5-3}$$

ここで

$$G_1 = L\,(r_1^2 r_2^2 / (r_1^2 - r_2^2)) \tag{5-3-1}$$

$$G_2 = \int \left[b^2 r_2^2 / \left(b^2 - r_2^2 \right) \right] \mathrm{d}z \qquad (5\text{-}3\text{-}2)$$

$$G_3 = \int \left[b^2 a^2 / \left(b^2 - a^2 \right) \right] \mathrm{d}z \qquad (5\text{-}3\text{-}3)$$

G_1, G_2, G_3 はそれぞれ図 5-1 (c) に対応する容器（るつぼ）－円柱の直線部分，るつぼ底部上方－円柱直線部分，るつぼ底部下方－円柱先端部分に相当する幾何学的抵抗定数であり，(5-3-1) 以下の各式によって表される．るつぼ底部，円柱先端の形状をスフェリカル・キャップで近似できるとして解析的にあるいは数値的に積分してその値を見積もることができる．もちろん，粘度標準液を用いて実験的に G $(=G_1+G_2+G_3)$ を求めることもでき，いくつかの数量の測定容器を纏めてあらかじめ検定する方が実用的である．

装置と測定

　この測定に用いた装置を図 5-4 に示した．
　平行平板法の装置，図 4-3 との相違は貫入円柱を滑車によって吊し，カウンター・バランスで貫入圧力を調節している点である．試料の溶け落ち後，容器回転に入る際円柱に掛かる圧力を容易に調節できる．もちろん平行平板法にもこの装置が使用できるのは当然で，図 5-4 は図 4-3 の改良型と考えて良い．
　実際の測定では貫入円柱にアルミナ保護管を用い，その中に熱電対を挿入して試料温度の測定をする．測定当初は試料の上部を，そして溶融時は試料の底部温度を測定することになり，常に試料の代表温度を示すことにならないが，保護管の壁を隔てるとはいえ常に試料に接していることは，試料近傍の炉温で代用するよりは確度が高い．
　棒状 SiC を用いた加熱炉は前回と同じであり，試料の設置状況が変わるだけで取り扱いもほぼ等しい．
　測定は試料の溶解から始まるが，それに先だって，まず円筒容器のるつぼ

と貫入円柱となる保護管の選び出しをする．るつぼは内形状が大切であるが，それには外形状の奇麗なものを選ぶ．外形が不味くて内形状が奇麗なものはほとんどなく，経験によると外形で選んでほぼ間違いない．内側の計測は難しい．"外見で判断する世の常"に従うしか適切な方法がないというのが正直なところである．保護管は外形だけで十分である．それらの形状を計

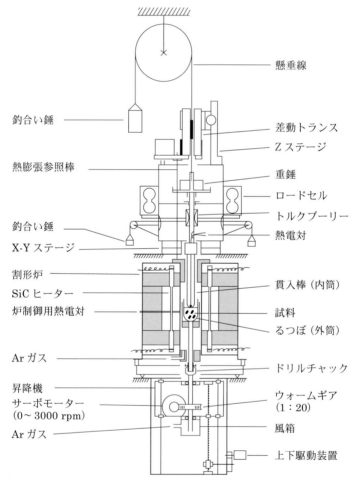

図 5-4　測定装置模式図

測し，軸対称性，先端が半球状（あるいは回転楕円体）であるかの検定をする．試料容器の内形状は深さと内径の減少が始まるまでの管長を測り，外形状と比較し，壁厚みを調べておく．ノギスを用いる測定（その程度）では普通壁厚一定の仮定が成り立つものとして良い．予備溶解によって調製した試料は凝固表面のメニスカス形状を確かめておくが，これも精細な測定は困難で（透過X線を用いるとか試料を侵さない液体を用いてメニスカスの容積や深さを測るなどすれば別である），メニスカス深さ，メニスカスの這い上がり長さを測定し，球面あるいは回転楕円面の近似を用いる．

　るつぼを回転容器（るつぼホルダー）に収め，ホルダーの軸をドリルチャックで駆動機構と繋ぎ，回転の芯出しを行う．ホルダーはアルミナ管とアルミナレンガ（CP）を用いて成形し，アルミナ保護管を軸としてアルミナセメントで接合したものであり，あらかじめ旋盤によって芯出ししてあるが，るつぼを収めてセットすると条件が変わり，るつぼとの芯出しにはまた別の調節が必要になる．駆動装置の取り付け台に煽り調節の機能を持たせておくと都合が良い．るつぼとホルダーの軸が一致しないとき，ドリルチャックの調節のみでのるつぼの軸合わせはかなり困難で，回転軸そのものの傾きに対する調整の自由度を増す必要がある．

　図5-4の装置図では差動トランスのコイルをZステージで支持するように描いているが，実際はコイルを仮止めした後で，貫入柱からトランス・コアに至る部分の熱膨張を打ち消すために設置した熱膨張参照棒の長さを調節し，測定時にはコイルは参照棒に支持されZステージとは切り離されている．もちろん，参照棒によって熱膨張が完全に打ち消されることはなく，ブランクテストの結果によって補正される．

　貫入柱先端の高さ，温度，および溶け落ち後の容器回転速度，その時のトルクなどはデータ・ロガーを介してパソコンに入力され，粘度が計算される．途中，貫入速度の変化と貫入距離から試料の溶け落ちを判断し，手動で荷重除去や回転数の設定を行う．測定プログラムは前節の図4-4に準じている．

測定結果

　円柱貫入／回転法による B_2O_3 測定結果を $\log \eta$ と $1/T$ の関係，いわゆるアレニウス・プロットとして図 5-5 に示す．図中，B_2O_3 ガラスの粘度で p は単純な貫入，f は流れ抵抗の補正を加え，m はさらに貫入時のメニスカス補正を加えた結果である．単純な貫入として取り扱うと p で示した高い粘度値を与え，それに貫入量に見合う流体のカウンターフローを考慮すると f の値となり，さらに貫入距離にメニスカスの補正を施した m 値はほぼスムースな曲線となる．

　比較のため球貫入／平行板変形／回転法の結果および従来の文献値[16]を併記した．円柱貫入の測定初期 ($10^{10} \sim 10^{8}$ Pa·s) は明らかに球貫入より高い値を示しており，貫入量の小さいこの範囲での測定の困難さを示している．球貫入に較べて先端の曲率が大きくかつ貫入に伴う貫入面の変形が大きいことは貫入距離の計算を不確かなものとする．円柱貫入の測定限度を示すものであろう．これを避けるためには円柱先端にスパイクを設ける，あるい

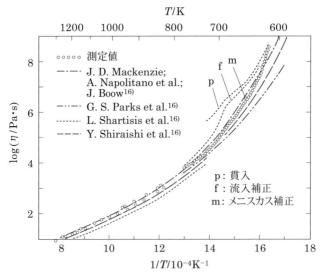

図 5-5　円柱貫入／回転法による測定結果（B_2O_3）[16]，（4 測定平均）

は先端を円錐状にすることも考えられるが，簡易測定という意図からは後退する．10^6 Pa·sより低い粘度では平行板変形/回転法との一致は良く，回転法によるメルトの測定値はいずれの測定も良く一致している．

結論（メニスカス補正）

　この方法は簡便であることに最大の特徴がある．試料の予備溶融は試料の均一化のために欠かせないプロセスで，どのような測定方法を採ろうとも避けることはできない．従って，この方法は試料調製を含めて最も簡易な測定プロセスである．ただし，事前に容器と貫入円柱の先端形状をしっかり計測する必要があるし，試料のメニスカス形状も計測する必要がある．その分通常の試料調製より一手間余計である．

　本格的にガラス状態の測定をしようとするならば，標準試料との比較をしっかり行って貫入初期の測定値（高粘度領域）補正を確立することが大切である．メニスカスの計算補正のみでは十分でない粘度領域を，経験的（統計的）に補うとよい．一度補正を確実に行えば，以後，測定の幾何学的条件が大きく変わらない範囲でおそらく同じ補正が使用できるであろう．なぜならば，この補正は測定初期の貫入距離に関するもので，粘度以外の試料物性値には鈍感であると思われるからである．本法を広汎に適用していく上で今後に残された問題の一つである．もちろん，回転法の融体粘度に注目するときには関係のないことである．

メニスカスの補正

　図5-1 (b) の貫入過程を次の図5-6に示す4つのプロセスに分解する．

　ここでd_0は初期のメニスカスの深さ，r_2は貫入柱先端の半径，lはメニスカスからの貫入深さである．貫入した体積がメニスカスを水平に埋めると仮定し，メニスカスの底からの試料表面までの距離をdとすると実質の貫入深さxは$d+l$となる．dとd_0の関係およびxとr_2の関係で図に示したよ

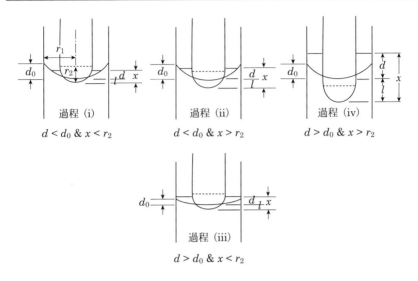

図 5-6　メニスカスへの円柱貫入過程

うな4つの段階を生じる．過程（i）は貫入初期，過程（ii）はメニスカス面がまだ残っているが，貫入柱の側面まで試料面は上昇している．（iii）は試料がメニスカス面を埋め尽くしたが，貫入柱の先端はまだ残っているときで，メニスカスの浅い場合に相当する．（iv）は貫入が十分進んだ時で，メニスカスも貫入柱先端も試料で埋まっている．貫入プロセスは（i）→（ii）→（iv）か，メニスカスの浅い時の（i）→（iii）→（iv）の2通りがある．これらの過程それぞれについて貫入体積と埋没体積の均衡から以下の式が導かれる．なお，r_0 はメニスカスの曲率半径；$r_0 = (r_1^2 + d_0^2)/2d_0$，$x$ は貫入円柱先端から試料表面までの距離；$d+l$ である．

(i) $d<d_0$, $x<r_2$:
　　$\pi d^2 (r_0 - d/3) = \pi l^2 (r_2 - (d+l)/3)$

(ii) $d<d_0$, $x>r_2$:
　　$\pi d^2 (r_0 - d/3) = (2/3)\pi r_2^3 + \pi r_2^2 (d+l-r_2)$

(iii) $d>d_0$, $x<r_2$:

$$\pi d^2(r_0-d_0/3)+\pi r_1{}^2(d-d_0)$$
$$=\pi (d+l)^2(r_2-(d+l)/3)$$

(iv) $d>d_0$, $x>r_2$:
$$\pi d_0{}^2(r_0-d_0/3)+\pi r_1{}^2(d-d_0)$$
$$=(2/3)\pi r_2{}^3+\pi r_2{}^2(d+l-r_2)$$

図 5-6 に対応して上式が成立し,これらより l と d の関係が求まる.一例として直径 17 mm のるつぼに直径 10 mm の貫入柱を使用したとき,初期メニスカス深さ 5.0, 2.5, 1.0, 0.1 mm の時の貫入距離と貫入深さの関係を数値的に計算し,図 5-7 に示した.

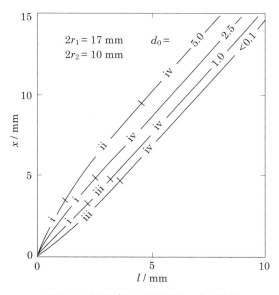

図 5-7 貫入距離 l と貫入深さ x との関係

6 スライド円柱粘度計 [17]
(Sliding Cylinder Viscometer)

　これまでに述べてきた測定法は粘度の比較的高い領域で有効である．回転円筒法は容器の幾何条件に注意すれば 0.1 dPa・s 程度まで利用できるが，それ以下の粘度領域に適用することは測定トルクが小さくなるためにかなり困難となるであろう．そのため溶融塩や溶融金属のような低粘度融体の測定に回転円筒法は適用し難い．ここでは低粘度融体の一例として低融点のアルカリ硝酸塩の測定を取り上げる．さらに高い融点を持つ試料の測定も容器の材質を変更すれば原理的に適用可能である．なお，同じ低粘度といっても溶融塩とメタルでは密度が大きく異なり（動粘度が異なる）同一方法の適用は困難である．

　ここでは溶融ガラスやスラグの粘度測定に適用された例のある球引き上げ法を出発点とする．常温でオイルや濃厚溶液の測定に広く使われる球引き上げ法（落下球法）はストークスの法則を基礎にしている．そこでは十分大きな試料容器の中を運動する球体に働く力を測定し容器壁の影響を可能な限り避けるようにする．ここで試みたのはそのような王道的条件とは逆に，小さな試料容器を用いて落体に働く器壁の影響を故意に大きくし，見かけ上落体に働く力を大きくしようとする権道的測定であった．

　以下，容器内に吊り下げた円筒を落下法に倣い浮子（bob）と呼ぶことにする．

測定原理

測定の模式図を図 6-1 に示した. ここでは落体として円柱を使い, 容器を上下に動かして円柱に働く力を測定する. この時落下円柱に働く力はストークス抵抗, F_s と円柱 / 容器の間隙を流れる流動抵抗, F_c および円柱と容器の接触を防ぐために円柱に植えたスペーサーに働く流動抵抗, F_{sp} の和である. 従って全抵抗 F は

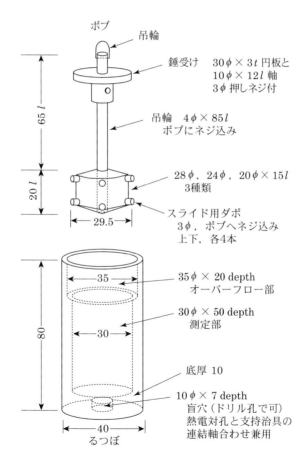

図 6-1 スライド円柱 − 容器の見取り図 (単位：mm)

$$F = F_s + F_c + F_{sp} \qquad (6\text{-}1)$$

これらの個々の抵抗力を正確に見積もることは困難であるが後の考察において定性的に見積もってみる.

このような狭いギャップの流動条件下での球引き上げ法はストークス抵抗が正確に見積もれないため実施されていない．器壁の影響として報告されている限度はボブと容器の直径比 a/b が 0.3 程度までで，今の場合，$a/b ≒ 0.9$ には到底当てはまらない．

しかし，円筒に働く力が一定の幾何学的条件（ギャップ一定）の下で円筒の移動速度と流体の粘度 η に比例すると仮定することは，少なくともレイノルズ数が小さい時の 1 次近似として有効であろう．つまりニュートン流体を定義するニュートンの法則である．

$$\eta = \text{const.} \cdot (dF/dv) \qquad (6\text{-}2)$$

ここで v は流速，つまり円筒の移動速度である．この式は単位移動速度当たりの力が粘度に比例することを示し，(6-1) 式の個々の力は解らなくとも，それらの和としての力が測定できればその速度勾配と粘度の相関から実験的に装置定数が定められる．

測定装置

測定装置を図 6-2 に示す．これは別の装置を流用したもので本来の目的とは異なった仕様であり，ここでの測定に対し必要な機能を十分には備えていないし，また余分なものも付属している．

まず上下昇降機構であるが，炉内の試料容器を装置下部の減速モーターで駆動している．昇降速度は 0.1～1 mm/s で本実験の目的にはやや不足である．本実験のストロークは±20 mm 程度あるので昇降速度は～5 mm/s はほしい．容器位置は差動トランスで測定し，上部に備えたロードセルの値とともに一定時間間隔でデータ・ロガーに取り込む．差動トランスの作動距離

6 スライド円柱粘度計

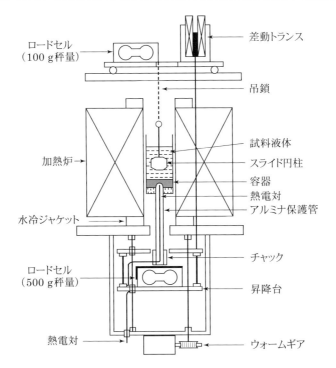

図6-2 スライド円柱法粘度計模式図

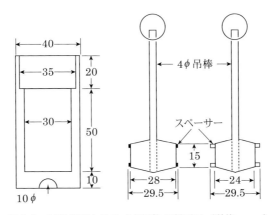

図6-3 試料容器とスライド円柱の断面図（単位：mm）

は 0～50 mm±0.05 mm，ロードセルは 100 g±0.05 g である．図中，試料容器支持棒下部にある 500 g 秤量のロードセルは測定には使用していない．測温は試料容器支持棒の中を通して試料容器の底に接した熱電対による．

試料容器とスライド円柱の寸法を図 6-3 に示した．これらにはいずれも SUS304 を用いた．円柱が容器壁に接触するのを防ぐため側面の上下に 4 個ずつ，計 8 個の突起（スペーサー）を付けている．このスペーサーがないと円柱を容器中心に接触なしに懸垂することは非常に困難で，いったん接触すると界面張力のため，引き剥がすのは非常に難しい．もちろんこのスペーサーによる摩擦抵抗が生ずることは避けられないが，いったん動き出せばその抵抗（動摩擦）は小さくなり，ほとんど無視できる．さらに，摩擦に関するクーロンの法則によると動摩擦係数は速度には依存しない．

測定と測定結果

容器の形状に関する装置定数を定めるため，粘度標準液（200, 10 Pa·s），グリセリン水溶液（100～50%；1～0.005 Pa·s に対応）を用いて（円柱/容器）直径：20/30, 24/30, 27/30, 28/30（mm/mm）の 4 種類の組みについて予備実験を行った．その結果を図 6-4 に示す．(6-2) 式に従い，縦軸に粘度（Pa·s），横軸に力と速度の変化率；dF/dv(gf/mm·s^{-1}) を取って，対数プロットしたものである．スライド円柱～容器間のギャップの大きいものを粘度の高い液体に，狭いものを低粘度の液体に使った．log/log プロットを直線回帰した結果を表 6-1 に示した．若干のバラツキはあるが何とか実用に耐えそうである．ここでは標準液を利用して装置定数を定める相対的方法によった．理論式を基礎にすることは些か難しい．

図と表からわかる通り，容器と円柱間のギャップが広い 20/30, 24/30 mm の組み合わせでは dF/dv と粘度の log 相関では $A \fallingdotseq 1$ であるが，それよりギャップの狭い 27/30, 28/30 では A が 1 より大きくなり，かつ狭い方が大きくなる傾向がある．これは余分な抵抗，おそらくストークス抵抗が簡単な 1 次の速度依存でなくなることを意味しているものであろう．

6 スライド円柱粘度計

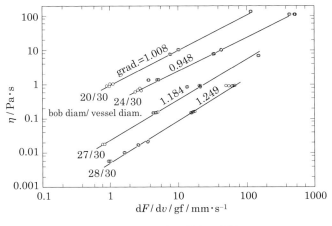

図 6-4 （dF/dv）と粘度の関係

表 6-1 粘度とスライド速度の相関

円柱／容器 直径 mm	logη = Alog (dF/dv) + B		相関係数 R	粘度範囲
	A η/Pa·s	B dF/gf	dv/mm·s^{-1}	Pa·s
20/30	1.0077	−0.0148	0.9989	1〜10^2
24/30	0.9479	−0.5583	0.9943	0.615〜10^2
27/30	1.1835	−1.6308	0.9941	0.017〜6.7
28/30	1.2489	−2.315	0.9972	0.005〜0.86

　高温への適用を検討するため，低融点の塩：NaNO$_3$ と ZnCl$_2$ を試料として選んだ．前者の融点は 308℃，後者は 275℃である．目標とする測定粘度範囲に適する容器とスライド円筒の組みを選び，所定量の試料を容器中に予備溶融，その後，スライド円柱を投入し所定温度に保ちながら容器を上下してスライド円筒にかかる力を測定する．NaNO$_3$ は安定であり容易に測定できるが，ZnCl$_2$ は蒸気圧が高くかつ潮解性があって取り扱いが難しい．両者の測定結果を従来の値と比較して表 6-2（右端 2 欄）に示した．
　NaNO$_3$ は文献値と比較的良く一致しているが ZnCl$_2$ はかなりの相違を示している．ZnCl$_2$ の測定はバラツキが大きく，測定結果の幅をもって示した．

69

表 6-2 溶融 $NaNO_3$ と $ZnCl_2$

	温度 /℃	dF/dv	η/mPa·s	温度 /℃	η/mPa·s[18]
$NaNO_3$	330～350	0.579	2.4	350	2.4
	370～380	0.295	1.1	380	1.8
	408～381	0.417	1.6		
	370～360	0.484	2.0		
$ZnCl_2$	270～280	56.0～58.4	3.52～3.57	318	3.72
	280～290	24.4～26.9	1.26～1.43	350	1.125
	290～300	10.6～12.5	0.48～0.55	375	0.515
	300～310	9.76～12.3	0.40～0.54	400	0.260
	310～315	8.59～9.32	0.30～0.33		
	300～322	6.01	0.195		
	350～353	4.76～5.28	0.11～0.12		
	385～385	1.84～1.80	0.048～0.047		
	425～431	0.95～0.98	0.022～0.023		

試料の蒸発が激しいので測定は温度を昇温しながら行い，非平衡な状態での測定になっている．参考とした文献値は，ほぼ同じ粘度が与えられる温度で比較した．同程度の粘度を与える温度は本測定の方がかなり低い．昇温過程での測定であるから本測定が高めの粘度値を与えることは定性的には理解できる．

ここでは測定容器，スライド円筒の材質に SUS304 を用いている．比較的低温であることから著しい腐食は観察されなかったが，$ZnCl_2$ においては塩に着色が見られ，完全に不活性な材質とは言えない．

考察と結論

結果的には同じことになるが，スライドする円筒に働く力を図 6-5 のように円筒端面と円筒側面に分け，①端面に働く力は十分に広い断面積を持つ容器内を運動する厚さゼロの円板に働く垂直方向のストークス抵抗，②円筒側面に働く力を同心円筒の間隙を流れる流体の粘性抵抗 F_2 および円筒と容器の相対速度差による抵抗 F_2' との和として近似[19]する．また，③スペーサーと容器間に働く流動抵抗はスペーサーの端面抵抗と側面抵抗の和として見積もったがその精度は高くない．a を円筒半径，b を容器半径，L を円筒

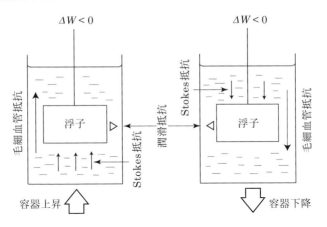

図 6-5　スライド円筒に働く力

側面長として,

①は　$F_1 = 16\eta a v$

②は　$P = F_2/\pi(b^2 - a^2)$ として

　　$V = (\pi/8\eta)(P/L)C$ から F_2 を求める.

　　　ここで，$V = \pi a^2 v$ は流量,

　　　$C = [b^4 - a^4 - (b^2 - a^2)^2/\ln(b/a)]$ は容器形状による定数

　　および，ニュートン則を用いて

　　　$F_2' = 2\pi a L \eta v/(b-a)$

③は　$F_3 = 8[\pi(d/2)^2 \eta(v/\delta) + 3\pi l a^2/(b^2-a^2)\eta v]$

ここで d と l はそれぞれスペーサーの直径と長さであり，1項目は端面と容器壁とのニュートン抵抗，2項目はスペーサー側面のストークス抵抗である．したがって

$$F = F_1 + F_2 + F_2' + F_3 \propto \eta \cdot v \tag{6-3}$$

結局，抵抗力は粘度と速度の積に比例することなり，測定原理の項で定性的に述べたところと一致する．もちろん，ここでの計算は非常に粗いもので，もし測定結果を定性的に表現できれば上首尾である．$\eta = 0.1$ Pa·s，移動速度を 1 cm/s として試算した結果を実測結果とともに表 6-3 に示した．

表6-3 スライド円筒に働く力の評価

$2a/2b$	F_1	F_2	F_2'	F_3	ΣF	F_{obs}	$\Sigma F/F_{obs}$
28/30	0.023	11.53	0.135	0.047	11.74	116	0.101
27/30	0.022	4.68	0.087	0.048	4.85	36.7	0.132
24/30	0.020	0.92	0.076	0.046	1.06	4.0	0.265
20/30	0.016	0.23	0.019	0.041	0.97	1.0	0.970

F: gf/cm/s, $\Sigma F = F_1 + F_2 + F_2' + F_3$, F_{obs}: 実測値

　計算値は実測値より約1桁小さいが，一見して円柱の側面に働く力が支配的であることが解る．側面抵抗は容器と円柱間を流れる細管流として見積もる方が円柱と容器間のニュートン抵抗として計算するより1桁大きい寄与を与える．円筒/容器間のギャップが小さいとき計算値と実測値の不一致が大きいが，ギャップが大きくなると両者の差は小さくなる．ギャップが小さいときはギャップを流れる流速が速く，加算性が成り立つような簡単な話にはならないのであろう．それでもなお，定性的には円柱側面の重要性が示され，この測定，器壁の影響を利用する円筒引き上げ法の狙いを裏書きしている．結局は円筒を引き上げることによって生ずる同心円筒間隙における流体試料の流速が引き上げ速度を増幅していることが一番大きな因子となっている．

　この測定ではスライド円筒の形状を吟味するために浮子の径を4水準変えた．しかし円筒の側面長さは15 mmと一定に保っている．(6-3)式が有効であれば側面長さ L が装置定数に影響する．そこで，L を変えた測定をいくつか行ってみることが必要であった．容器の長さ，スライド円筒のストローク，もっと基本的には炉の均熱帯長さとの兼ね合いがあり，むやみに長くすることはできないが，現状でも予備実験としては30 mm位までは伸ばすことができたであろう．(6-3)式によれば，それによって装置定数は2倍程度大きくなり，その分，測定範囲を稼げる可能性がある．測定操作との兼ね合いがあるが，最適なスライド円筒の形状が求まるならば試すだけの価値はある．測定操作としては一方向の移動（円筒を引き上げる方向）で行うこと，さもないと円筒に対する浮力の影響をもろに受ける．

試料容器，スライド円筒の材質も検討の余地がある．測定温度，測定試料によって異なるが，耐食性，加工性，価格などの条件から最適なものをえらぶこと，万能な材質はないものと考えることだ．なお，ここでは大気中の測定であったがもちろん不活性な測定雰囲気を保つことが望ましい．図6-2で炉中に反応管を通し，不活性ガスを流して測定容器の周囲を不活性雰囲気に保つことはさして難しくはない．

　球引き上げ法の変形としてスライド円筒法を提案した．容器と移動円筒のギャップを適当に保つとかなり低粘度側に測定範囲を拡げることが可能であった．ここでの測定は測定条件を十分に調べ尽くしているわけではない．今振り返って測定の不備を指摘した積もりである．このまますぐに使えるとは言えないが，低粘度のスラグ，溶融塩に対する適用は可能であると思われ，若干の工夫を加えることにより実用的な測定法として一考に値するものとなろう．

7 短管粘度計
(Short Capillary Viscometer)

　高温融体の中での大きな測定対象として溶融金属がある．金属の融点は数百℃から2000℃以上まで広い範囲があり，対象とする金属によって適用できるテクニックが全く異なることがある．早い話，溶解する炉が異なるし，使用できる材質が異なる．大雑把にいって，1000～1200℃を境にそれ以下とそれ以上で異なると考えてよく，さらに1600℃以上ではまた特殊な工夫が必要である．粘度の測定でも同様で，温度によって使える測定方法もまた異なる．それと材質的に金属製の容器類が使用できないので，主として酸化物系の耐火材を使用することになるが，溶融金属は一般に表面張力が大きく，耐火材との濡れが良くない．そのためメタルの流動時に器壁との間で辷りが生じやすいことも注意する必要がある．それと，見落としがちであるが，溶融金属は一般に密度が大きい．そのため溶融金属中では大きな浮力を発生し，それが測定の障害になることがある．さらに動粘度の値が小さいとレイノルズ数が大きくなり，乱流になりやすいので適用できる測定法が限られる．

　一方，鋳造やロー付けなどの分野で湯流れ（溶融金属の流れ）が問題となることが多く，粘度（あるいは動粘度）は溶融金属と切っても切れない縁がある．液体金属の物性とはまた別に粘度を実用面から求めたいという場合が多々ある．ここでは，そのような実用的な要求をみたすために試みた粘度測定について述べる．

測定原理

ポアズイユやハーゲンが研究したもっとも歴史ある粘度の測定法；それが毛細管法で，水の粘度を絶対測定したことで有名である[*10]．この方法は理論的基礎が確立しておりしばしば絶対測定として利用される．ここでは実用的観点からなるべく簡略化した測定方法にする工夫をした．

（毛）細管法を厳密に適用しようとすると低粘度の場合，流体の運動エネルギーを散逸させるために細くて長い細管が必要になる．高温測定では長い細管を均一な温度に保つための加熱炉を含め，測定装置が長大になることを意味し望ましいことではない．室温付近の測定で使用する細管粘度計は各種のものが知られている．9 節で取り上げるが，市販の粘度計としてよく知られたものにオストワルド粘度計，ウベローデ粘度計がある．ウベローデを例に取ると使用している細管は内（直）径 0.6～5 mm，長さ 85～95 mm で，内径に応じて測定範囲が定まるが，この細管で 0.4～2500 cSt の測定範囲をカバーできる．すでに装置定数を検定された粘度計が市販されており，手作り装置の常温検定の際，検定用液体の粘度測定に利用できる．

粘度が高い場合，細管中を流れる流体はエネルギー損失が大きく，比較的短い細管でも流れのもつ運動エネルギーを散逸できる．このようなアイデアによる粘度計が短管粘度計である．もっぱら工業的な目的に使用されるレッドウッドやセイボルト粘度計では，細管径が 2～3 mm，細管長さ 12 mm （セイボルト粘度計）あるいは細管径 1.6～3.8 mm，長さ 10 あるいは 50 mm （レッドウッド粘度計）の細管が使われている．このような細管を備えた円筒形の容器から試料を流出し，50 cc あるいは 60 cc という容積が流出する時間（30～1000 s）を測定して，粘度（正しくは動粘度）のパラメータとする．測定範囲はおおよそ数 cSt～100 cSt，あらかじめ既知粘度の試料

[*10] アメリカの標準局（NBS，現 NIST）が 1931～1952 年に行い 20℃の水の粘度を 1.002 cP と定めた．戦争による数年間の途中中断があるにせよ，21 年かけての絶対測定は驚嘆をもって迎えられた．長年月を要した原因はおそらく適正な毛細管の選定にあったのではなかろうか．

で装置定数を定めておく．精度は高くなく，有効数字2桁程度である．測定対象は通常オイル類でその密度は大きくない．密度が高いと流出時間が短くなり時間計測の誤差が大きくなる．

図7-1に模型的に示した非圧縮性流体の細管中の放物線流速分布はハーゲン（Hagen, 1839）とポアズイユ（Poiseulle, 1840）が実験的に求め，後にヴィーデマン（Wiedemann, 1856）によってナヴィエ・ストークスの式から求められた．

$$v = G(a^2 - r^2)/4\eta \tag{7-1}$$

ここで$G=P/l$は管長lに沿った圧力，aは細管半径，rは細管中心軸からの半径方向の距離，vは流速である．流量qは図7-1の放物面で囲われる体積であるから，軸対称を仮定して(7-1)式から次のように求められる．

$$q = \pi r^4 P/8\eta l \tag{7-2}$$

流量qは流れの体積Vをその時間tで割ったものだから，細管をt時間に通過した体積Vとその時の圧力勾配，つまり細管両端の圧力差を管長lで割ったものを知れば(7-2)式より粘度が求まることになる．実際には細管の出

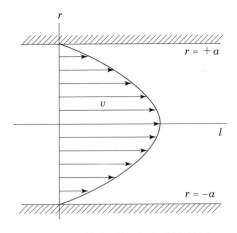

図7-1 細管中の流速分布（放物線則）

口を出る流体には運動のエネルギーが残っており,その分の補正が必要である.

いま平均流速を v とすると運動エネルギーは

$$(1/2)(mv^2) = (V\rho/2)(Pr^2/8\eta l)(q/\pi r^2)$$

このエネルギーの α 倍が管端の圧縮仕事 PV に寄与しているとすると

$$PV = \alpha\,(1/2)(mv^2)$$
$$\quad = \alpha\,(V\rho/2)(Pr^2/8\eta l)(q/\pi r^2)$$
$$\eta = (\alpha\rho q/16\pi l)$$

それを考慮して (7-2) 式を粘度について書き直すと

$$\eta = \pi r^4 P/8lq - \alpha\rho q/16\pi l \tag{7-3}$$

2項目が運動エネルギーの補正と呼ばれる項で,ρ は密度,a は運動エネルギーの残存割合を示す係数で通常 $0 \sim 1.5$ と言われている.流量 $q = V/t$ と書き換え,装置の幾何形状を定数とし:$C_1 = \pi r^4/8lV$ を粘度計定数,$C_2 = \alpha V/16\pi l$ を粘度計係数とし,あらかじめ標準試料でこの値を定めておけば

$$\eta = C_1 Pt - C_2 \rho/t \tag{7-4}$$

ある圧力差 P のもとで,一定量 V の試料が流れ出る時間 t の測定から (7-4) 式により密度既知の試料の粘度が測定できる.市販の細管粘度計—オストワルドやウベローデの粘度計にはこのような粘度計定数,係数が与えられており,試料溜にある試料 (通常 $3 \sim 4$ cc) が垂直に立てた粘度計の標線間を通過する時間から粘度を求めている.

あるいは体積流れと質量流れに分けて,$P = \rho g H$ の関係を用いると

$$\eta/\rho = C_1/(\Delta V/\Delta t/H) - C_2/(\Delta V/\Delta t) \tag{7-5}$$

と書け,第1項は単位ヘッド当たりの体積流れ,第2項は質量流れを表している.

このような粘度計を高温用に製作することは不可能ではないが容易ではない．使用できる材質が制限されるからである．それに反し，セイボルトやレッドウッドのような短管粘度計は精度はともかくとして作りやすい．そこで短管粘度計を参考に溶融金属の粘度測定を目標として図 7-2 の装置を組み立てた．

測定装置と測定法[20]

図 7-2 (a) に示した流出容器は透明石英製である．内直径 27 mm の円筒の先に内直径約 1 mm，長さ 20 mm の毛細管を溶着した．この容器に約 30 ml の試料を入れその流出する速度を一定の時間間隔で測定する．その流出曲線から粘度を求めるのが狙いである．流出速度の測定はロードセルとマルチメーターによった．模式図を図 7-2 (b) に示す．

試料約 30 ml を流出容器にとりアルミナ製ストッパーを開けて試料を流

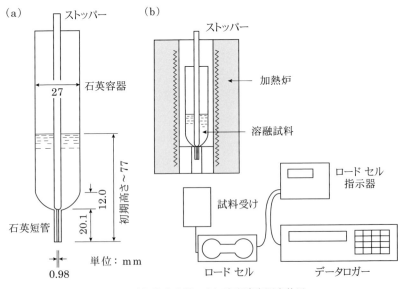

図 7-2 (a) 流出容器，(b) 流出速度測定装置

下する．流出量は試料のヘッドが低下するにつれ減少するが，その様子は試料受けの重量変化として約 5 s 間隔でマルチメーターのデータロガーに蓄積される．測定終了後このデータを読み出して流出曲線が図 7-3，図 7-4 のように描かれる．なお，使用したロードセルは秤量 600 g, 分解能 0.05 g でありマルチメーターの時間分解能は約 0.2 s である.

溶融金属の測定では試料の酸化を防ぐため表面にフラックスを融かし，かつ Ar を吹きつけた．これによる流出圧力への影響は溶融金属の示す静水圧に比して無視できる.

測定結果と考察

本法の適用を調べるため，粘度既知の水，スズ，鉛を用いて測定を行った．図 7-3 に室温における水の流出曲線を図 7-4 に溶融スズの結果を一例として示した．曲線は測定結果，黒点は解析結果を示している．縦軸は試料受けの重量をブランク値（初期値）とし，流出した試料の重量，つまり容積を示している．この流出容積は通常次のように計算される.

(7-3) 式には含まれていないが，細管に流れ込む時と流れ出る時に起こる流線の膨張，収縮に関する補正いわゆる管端の補正を施す．これは見かけ上細管が長くなったものとして取り扱われ，管長 l に nr という細管半径 r に比例する量を加える．ここで n は細管とその接続形状；つまり細管に流入するときの流線形状に関係する定数である．それで (7-3) 式の一般形は

$$\eta = \pi r^4 P/8\,(l+nr)\,q - m\rho q/8\pi(l+nr) \tag{7-6}$$

ここで $C_1' = \pi r^4 \rho g / 8\,(l+nr)$, $C_2' = m\rho/8\pi(l+nr)$ とすると

$$\eta = C_1' \cdot \hat{h}(t/V) - C_2'(V/t)$$

ここで $\hat{h}$ は流出試料の平均圧力ヘッドである．これから

$$\Delta V = C_1' \hat{h} \Delta t / \left(\eta + C_2'(\Delta V/\Delta t)\right) \tag{7-7}$$

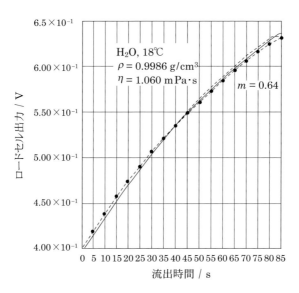

図 7-3　水の流出曲線 (18℃)

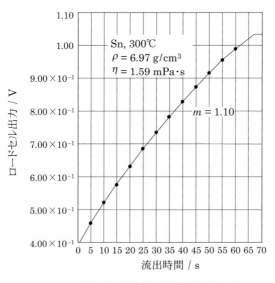

図 7-4　スズの流出曲線 (300℃)

$\hat{h} = (V - \Delta V)/S$ として (7-6) 式を逐次計算すれば流出曲線が求まる (S は容器断面積).

図 7-3, 図 7-4 は試料の粘度を先に与え, 運動量の補正 m をパラメータとして実測のデータにフィットさせたものである. ただし, 管端の補正 nr は無視している. フィッティングの結果は悪くない. ただし m の値は水, スズ, 鉛で異なっている. 水銀の流出曲線も奇麗にフィッティングできたが, m の値が予想外に低く, ここで行った他の測定と同列には論じられない. m の値が変化するのは適用した流体のレイノルズ数が大きく変化しているのと無関係でない. 測定初期, 細管に流入するときのレイノルズ数 Re と m の値の相関を取ると図 7-5 のように直線が得られる. Re と m の間に直線関係が成り立つという保証はないが, 動粘度の変化と併せ考えると単調増加を期待してもおかしくない. そのような立場から, 水銀の結果は飛び離れており, また層流条件からも著しく隔たっている. フィッティングに用いた数値を表 7-1 に示した. 表から解るように水銀の値は他のものと著しく異なっている. なお, 限界レイノルズ数から見ると Sn, Pb も Hg ほどではないが限界値を越えている.

なお, 図 7-5 のように m と Re の間に直線関係が成立することは管長の補正 nr が一定であることを示している. 図 7-2 (a) の細管に流入, あるいは流出する流れがこの Re 範囲で変化していないということである.

表 7-1　試料の流出パラメータ

	初期流出量 cc/s	$\bar{v}$ cm/s	ρq g/s	Re	ν cSt	fitted m
H$_2$O　15℃	0.483	64.1	64.0	551	1.14	0.66
H$_2$O　18℃	0.499	66.2	66.1	661	1.06	0.64
Sn　300℃	0.558	74.0	516	3180	0.228	1.10
Pb　360℃	0.485	64.3	682	2870	0.220	1.05
Hg　18℃	0.700	92.8	1260	7960	0.117	0.70

$\pi r^2 = 7.543 \times 10^{-3}$cm^2, Re crit. = 2320, $\bar{v}$：初期流出速度, ρq：流出質量速度, $Re (= \bar{v} \rho d / \eta)$：レイノルズ数, ν：動粘度

結　論

　図7-5に示したように，運動エネルギーの補正値と細管流入時のレイノルズ数との間に一義的な相関が確立できればここで行った一連の測定から粘度を求めることができる．式の上からは粘度 η と m の関係はトレードオフの関係にあり，双方等価な関係にある．ここでは流出曲線のフィッティングのために η を既知として固定し，補正項の m を走らせた．$m\sim Re$ の関係が確立していれば流動初期の流速，密度などから Re が求められ，m が定まる．すると今度は η を走らせてフィッティングができ，粘度を求めることができる．従って，溶融金属に適用できる範囲で $m\sim Re$ の相関を確立することが必要であるが，これが意外に難しい．要は，適当な動粘度の値を持つ標準試料が用意できるかが問題で，Gaはあとから追加した測定であるが，全般的な見通しはあまり良くない．とすれば流出速度を遅くして Re をコントロールすることになるが，そうすると今度は装置的に簡単とは行かない．しかし，短管を層流形成のための流動抵抗として用いる考えはまんざら捨てたものではないことをこの実験は示している．

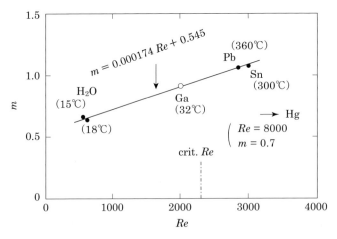

図7-5　運動エネルギーの補正係数 m とレイノルズ数の関係

なお，表 7-1 に求めた m の値は，Re が非常に小さい時は 0，大きな時は 1〜1.2 という経験値からそう外れていない．たまたまであるかもしれないが興味深い．

8 液浸短管粘度計[21]
(Dipping Short Capillary Viscometer)

　溶融金属の粘度測定に内径 1 mm，長さ 20 mm 程度の短い細管（短管）を用いたいわゆる短管粘度計を適用する試みについて 7 節で述べた．オイルなど高粘度の液体に適用される短管粘度計を粘度（正しくは動粘度）の低い金属液体に応用すること自体が相当な常識外れであるが，そこで得られた結果からは簡易測定法として利用できるある程度の目途が得られた．問題は溶融金属の密度が高く，そのために容易にレイノルズ数（$Re = vL/\nu$）が大きくなり，層流条件から逸脱することにある．それを避けるには短管を通過する液体の流速 v を適切に調節できることが重要で，必要な条件を満たすためには流出時のヘッドを試料に応じて変えられることが望ましい．それと，先の実験では試料流出の最終時，液量が少なくなると滴下流となり，流出末期の流出量をうまく取り扱うことができなかった．これを避けるには細管の流出端を試料液体に浸し，液滴の生成を避けるようにするのがよい．細管に残った水を濡れたティッシュで拭くと，奇麗に細管内の水が吸い出されることは日常良く経験するところである．このような目的のため短管の流出端を試料に浸した液浸型短管粘度計を試みてみた．

予備実験と測定

　測定原理は前節の短管法と同じである．新しい狙いは図 8-1 に示すように，試料容器を上下して流出液体のヘッドを可変にすることと，流出側の管端を液中に浸して表面張力の影響を避けることである．なお，管端の補正と

8 液浸短管粘度計

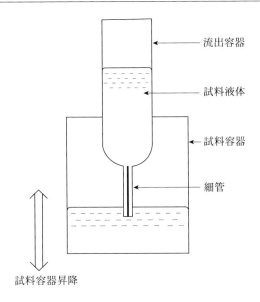

図 8-1 測定の狙い

しては前節で述べた運動量の補正のほか，細管への流入・流出時に流線が収縮・膨張する流線補正を，細管半径に比例するものとして補正量 nr を細管の長さに加えるものがある．細管の流出端を液に浸す本節も，原則として同様な取り扱いができるが，細管の両端ともに液に浸される本節は，流入・流出の流れの対称性が良くなるため補正の値が小さくなると期待できる．また，流出時の運動量補正は前節の結果から Re に依存することが予想される．つまり流出ヘッドによって変化する可能性がある．ただ，流出のヘッド差を小さくすることにより m 値も小さくなるであろうから，その影響は小さなヘッド差のとき，零時近似としては無視できるであろう．ともあれ，流出ヘッドを可能な限り小さくし，かつ毎回の流出条件を一定とすることにより平均値としての m 値そのもの，およびその変動を小さくすることは十分可能である．なにはともあれ，m と Re の関係が確立されれば，実験条件から Re を求め，m を定めて補正することは可能である．

以下に記述するところは水ないしはグリセリン水溶液を対象にした室温の

85

実験で，高温の溶融金属を対象とする本来の目的に対しては予備実験の位置づけである．高温では困難である試みも室温での測定では比較的容易に実現できることが多い．そこで手始めに，初期ヘッドを得るためのストッパーの使用を試みた．図 8-2 にその概要を示した．プラスチック筒に短管（1 mmϕ 30～40 mm$l$）を備えたゴム栓を嵌めて試料の流出容器とし，100 cc のビーカーを試料容器とした．試料容器を昇降ステージに載せ，流出容器はロードセルから吊して試料の流出量を測っている．図 8-2 では短管の上端をストッパーで塞ぎ，所定ヘッドでの試料流出をストッパー操作で開始できるようにした．しかし，現実には液漏れを完全に防ぐために必要な圧力をストッパーに加えることが困難で，所定ヘッドを安定に保つことができなかっ

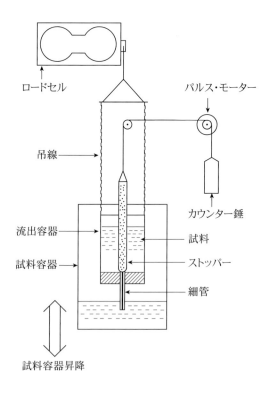

図 8-2　ストッパーの利用

た．流出容器をロードセルで吊っているための制約である．またストッパーを切るとき，ロードセル出力にノイズが乗り，初期重量の測定値が不確かとなることなどの障害があり，期待したほどの効果が得られなかったのでそれ以上の試みは行わなかった．

　流出時の液面位置が観測できると流出ヘッドを求めやすい．そこでストッパーの代わりに試みたのが流出容器における液面位置を浮子で測定しようとする試みである．図 8-3 にその概要を示す．ある時刻での試料容器の位置は 図 8-5 に示す昇降ステージに連結する LVDT で常時独立に測定しているので，流出容器内の液面位置が測定できれば 流出ヘッドが試料のマスバランスから計算できる．試料の流出量は流出容器の重量変化から求まるので，

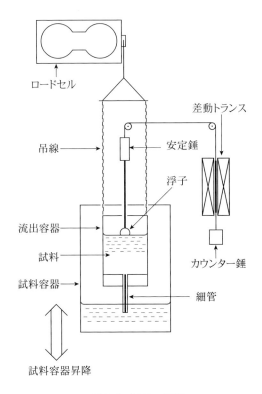

図 8-3　浮子の試用

ある時刻の流出ヘッドと流出量が求まることになり，流出速度とヘッドの関係から対応する動粘度が求められる．しかし，その狙いは図8-3で用いた浮子の測定からは些か遠かった．ここで用いたスチロール製の浮子では中々感度が上がらない．つまり液面の変化にスムースな追従をしてくれない．用いた滑車の抵抗が浮力の変化に比して大きく，感度を落とす結果になった．結局，浮子を使うというアイデアはお蔵入りに終わった．しかし，両容器における液面位置が同時に検出できればヘッド差が直接求まるので魅力のある課題であり，おそらくレーザーあるいは超音波のエコーを用いた距離計など，非接触な測定が適用されれば有力な測定手法となるであろう．

　結局，流出ヘッドを可変とするために実行できたことは図8-4に示したように，液面の釣り合い状態 (a) から (b) の状態まで試料容器を下降させてヘッド差を作り，そのヘッド差が試料の流出によって解消される (c) までのプロセスを流出容器の重量変化として追うことであった．

　このために用いた測定装置の概略を図8-5に示した．基本的に6節のスライド円筒法で用いた装置（図6-2）を流用している．異なるのはスライド円筒の代わりに流出容器を使っている点である．なお，以下の室温測定では

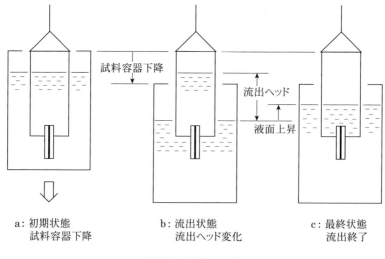

a: 初期状態　　　　　b: 流出状態　　　　　c: 最終状態
　試料容器下降　　　　　流出ヘッド変化　　　　流出終了

図8-4　可変ヘッド

8 液浸短管粘度計

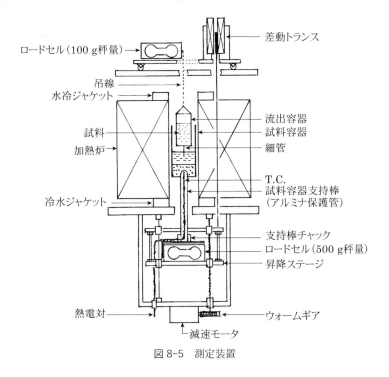

図 8-5 測定装置

炉を取り除いている．そのため，ここでの測定では高温測定において想定される容器形状より寸法の大きい容器を用いている．高温測定では，容器をよりコンパクトなものに変更する必要がある．室温実験で用いた流出容器は直径 30 mm，高さ 50 mm のポリエチレン円筒に 10 mm 厚みのゴム栓を嵌め，そのゴム栓に内径 1 mm，30〜40 mm 長さの熱電対絶縁管を通したもので，試料容器には 100 cc のビーカー（内径約 50 mm）を用いている．図 8-5 に示したように，流出容器の重量は 100 g 秤量のロードセルによって測られ，試料容器の位置は容器を支持する昇降ステージに連結する差動トランスによって測定される．いずれの値も 1 s 間隔でデータロガーに取り込まれる．なお，昇降ステージの移動速度は最大 4 mm/s 程度であるが，実際には振動を抑えるため 2 mm/s 程度を上限としている．

測定結果

測定手順は基本的に図 8-4 と同じである．図 8-6 に初期ヘッドを図 8-4 (b) よりさらに大きく取ったとき（細管部まで引き下げている）の流出容器の重量変化，つまり流出曲線の模式図を示した．横軸は流出時間，下方の図 (a) は試料容器位置を示す LVDT 出力（高い位置が高出力），上方の曲線 (b) は流出容器重量であるロードセル出力（増加方向が高出力）の時間変化

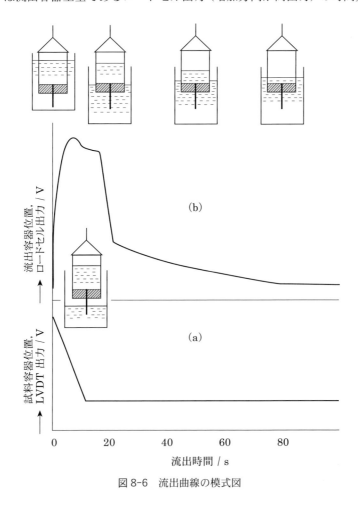

図 8-6 流出曲線の模式図

である.それぞれの曲線の変化位置に対応する両容器の相対位置を模型的に示した.

　試料液体を満たした試料容器に流出容器を浸して液面レベルを釣り合わせた後(ヘッド差ゼロ),減速モーターを作動させて昇降ステージを引き下げると,試料容器と流出容器の液面間にヘッド差を生じ試料の流出が始まる.流出ヘッドが試料容器の下降速度に追従できない間は流出容器の重量が増加し,試料容器の位置が一定となった後,流出容器内のヘッドは減少する.それに伴い流出容器の重量は減少し,流出した液量によって試料容器の液面は上昇する.液面の上昇は容器の実効断面積に反比例するから,流出容器が液面に浸るようになると液面上昇は速くなる.つまりヘッド差の減少が速くなる.流出容器の底が液面に浸る時が重量変化の遷移状態で,さらに流出容器の底に嵌め込まれているゴム部分に作用する浮力が 20 s 付近の大きな重量変化の原因となっている.液面がこの底の部分を通過すると,後は単調な変化で両液面のレベルが揃うまで重量変化が続く.実際に粘度を求める時には,この領域の流出曲線を解析することになる.したがって現実には,図 8-6 のような初期の過度な容器引き下げではなく,図 8-4 (b) に示した程度の比較的小さなヘッド差で流出量を観測することになる.注意することは,流出容器の側壁が一様な厚さであることの保証で,さもないと,容器壁に働く浮力が不規則に変動し予期せぬエラーを生ずる.

　流出容器の壁厚(浮力)を無視した理想条件では図 8-4 (b) に示すように,初期界面から容器の引き下げによって露出した流出容器の体積だけ試料容器内の液面が下がり,その差額に応じたヘッド差によって流出容器からの流出が起こる.流出によって流出容器内の液面は下がり試料容器内の液面は上昇する.つまり流出のためのヘッド差は時間とともに変化し,ついには双方の容器間でヘッド差がなくなり流出は止まる.流出速度は動粘度と細管の形状によって定まり,ヘッド差の関数となるので,流出容器の重量変化を時間で追えば時間当たりの流出量,つまり流出速度が測定でき,以下に示すように粘度に比例する値を定められる.これは下側の容器重量を測っても同じであり,両者を足せば一定値となる.

静水圧下での毛管からの流出には，前節で述べた (7-3) 式の圧力 P を静水圧 $\rho g H$ に置き換えて，

$$\eta/\rho = \nu = \pi r^4 g H/8lq - \alpha q/16\pi l \tag{8-1}$$

ここで，ρ は密度，ν は動粘度，q は流出速度 dV/dt，H は流出ヘッド，g は重力加速度，α は運動エネルギーの補正定数である．

(8-1) 式の右辺 2 項目は H を含まないのでヘッドを変えて q を測定すると，dq/dH の値から α に無関係に ν が求まることになる．

$$dq/dH = (1/\nu)(\pi r^4 g/8l) \tag{8-2}$$

この式から，適当に，つまり実験かまたは計算から定数を定めれば dq/dH の測定から動粘度が求まる．

流出容積 V の変化は流出容器の重量変化から求まり，ヘッドを変えて流出速度を求めることによってその勾配から動粘度が得られる．結局，問題はある時刻における流出ヘッドを如何に求めるかに帰着する．

図 8-4 で考えよう．両容器の液面レベルが揃った初期状態から試料容器を ΔH_{dwn} だけ引き下げると，ヘッド差が生ずるとともに流出容器からの流出も生じ ΔV_{eff} の液体が試料容器に流出してそのヘッドは $(\Delta V_{eff}/\pi r^2)$ だけ減少し，それによって試料容器の液面が ΔH_{up} だけ上昇する．従ってヘッド差 ΔH は

$$\Delta H = \Delta H_{dwn} - \Delta H_{up} - \Delta V_{eff}/\pi r^2 \tag{8-3}$$

のように変化する．ここで $\Delta H_{up} = \Delta V_{eff}/\pi (R^2 - r^2)$．ただし，$R$，$r$ はそれぞれ試料容器，流出容器の半径である．

そこで，初期のヘッド差を ΔH_{dwn} として観測された流出容器の重量変化に対応する ΔH を求め，逐次流出ヘッドを求めれば，流出速度とヘッドの関係を観測時間に沿って求められる．あらかじめ流出係数と動粘度の関係を実験的ないしは計算から推定しておけば，流出曲線から動粘度が求まる筋書きになる．実際の操作では容器の形状や引き下げに要する時間など，ここで述

べた理想的状態よりの補正が必要である．

　もっと野蛮なやり方は平均の流出速度を用いる方法であり，以下に，その実例として，水の動粘度の温度変化を求めた結果を示す．図 8-6 には模型的に示したが，実測定は水を試料とし温度を 10～40℃と変えている．測定は内径 1.16 mm，外径 2.0 mm，長さ 40 mm の細管を底部に持つ容積約 18 cc の流出円筒容器から約 13～14 cc の試料が流出する時の重量変化を 1.0 s の時間間隔で測定している．流出時間は温度にもよるが約 50～110 s である．図 8-6 に示す重量変化において，試料容器内の液面が流出容器底部を通過するトランジェント状態を過ぎ，単調な流出状態になった約 20 s 以後を対象として，流出量を流出時間で割って平均流出速度を求めた．図 8-7 にそのようにして求めた平均流出速度と測定温度における水の動粘度との関係を示す．なお，ここでは平均流出ヘッドは一定であると仮定している．

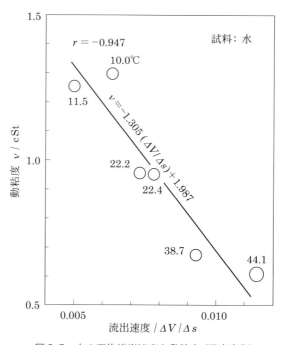

図 8-7　水の平均流出速度と動粘度 (温度変化)

実際の測定では個々の測定において，試料容器の引下げ距離，引下げ速度などにバラツキがあり，測定開始時のヘッドが一様でない．そのため測定の条件がそれぞれの測定で少しずつ異なり，平均流出速度で比較してもヘッドの差による誤差がバラツキとして含まれている．相当粗っぽい測定結果ではあるが，流出速度と動粘度の間に比較的良好な直線相関（相関係数：−0.947）が得られ，ここで行った粘度測定も先の短管粘度計と同様，それなりに適用性があると判断できる．動粘度の変化が余り大きくない範囲では図 8-7 のような直線相関が期待できるので実験的に回帰直線を求めて測定に利用する方法もあり得よう．この場合，流出容器に働く浮力が平均流出速度の測定に影響しないように注意する必要がある．

　流出ヘッドとそれに対応する流出速度との相関を求めるのが本来の方法であるが，それらを平均値で置き換えたここでの結果がそれなりのものであることは，簡略法として興味深い．

課題と発展性

　液浸形の粘度計は流出ヘッドが自由に選べること，管端に界面を生じないことなどに特徴があり，有望な方法であるが，試料液体中に流出容器を沈めることが必要で，密度の大きい金属液体では浮力が大きく，適用が容易でない．試料容器に試料よりも密度の大きい白金やタングステンなどを使えると，ことは簡単であるが，通常用いられる耐火材を液体金属中に沈めるには一苦労する．試料容器から流出容器に試料液体を汲み上げるために圧力差を利用したポンプなどが考えられるが，装置全体をクローズにする必要など，簡単ではない．実現を考えられる最も単純な方法は，その都度，新しい試料を流出容器内で溶解することである．金属では酸化を防ぐための方策として，フラックスの利用，Ar などの保護ガスなどの問題があるが，融点の低い金属では小型炉で済むから，流出容器をストッパーなどで押さえて溶解しながら試料容器に沈めてゆくなど，何等かの方策がありそうな感じもする．室温におけるように簡単には行かないまでも実現は可能であろう．

8 液浸短管粘度計

溶融金属の粘度測定は通常回転振動法[22]など精密な測定が主流である．毛細管法も電気的に液面位置を測定する方法[23]が報告されているが，長い毛細管を均一な温度に保つことが結構難しい．ここでは有効数字1桁半ないし2桁程度の簡易な測定法の開発を目指し，基本的には一応の展望を得たが，溶融金属の浮力という壁で行き悩んでいる．使用する容器の材質がネックで，もし耐火材でコーティングされた重金属容器など，液体金属試料に沈めることが可能な容器があれば是非試してみたい測定方法である．

9 終即是初
おわりははじまり

(The last, that's the first)

　前節までに述べたところが筆者の試みた各種粘度測定のほぼ全てで，8種類の測定法を試みて7番目までは曲がりなりにも成功，ないしはその見通しを得た．残念ながら最後の8番目は本来の目的からすると，とても成功どころか見通しも充分でない状態である．アグネから装置を持ち込んだ自宅の部屋で，高温の真空装置を組み立てるのは結構難しい．筆者の脳卒中による3ヵ月の入院，その後2011年の東日本大震災などもあって，自宅実験室も震災以後ほぼ閉店状態，目標とするメタルの測定には手が出せずにいるうちに年月のみ流れ，筆者も「オバサン・フォー」(over 傘 four) となり，水の粘度測定を最後に2014年に実験をシャットダウンした．8番目「液浸型短管粘度計」の挑戦は敗北を認めて撤収し，「八転び七起き」の最終スコアである．

　以下はこれから融体の粘度を測定しようとする方のために，「自分がスタートラインに立っているとしたら」という仮想的条件下で「役に立つこと」，「試してみたいこと」を記してみた．「終即是初」とは筆者の未練であるが，何等かの意味で役に立てば望外である．

粘度計概観

　標準的な液体の粘度測定法を大まかに分類すると表9-1のようになる．また，表9-2にはガラスの粘度測定において慣用される測定法を示した．溶融状態の測定では表9-1との重複がある．なお，ガラスにおいては慣用

表 9-1 液体の粘度測定法 [24]

測定法	適用	測定量	特長
i) 細管法	水溶液など	一定容量の流出時間	精密測定向き,材質上高温は不可 動粘度測定,短管では 10 Pa·s まで
ii) 落体法	オイル類 溶融ガラス	球体の一定距離の移動時間	球引き上げ法,落体法など
iii) 回転法	汎用	回転トルク	共軸円筒法,円錐/平板法 非ニュートン流動の測定容易
iv) 振動法	溶融金属 連続融体	振動の減衰 一定振幅持続	回転振動法,高温測定可 振動片法,低粘度は不可
v) その他	ガラス	変形速度	ファイバー・エロンゲーション, 平行平板法など

表 9-2 ガラスの粘度測定法と粘度の特性温度 [25]

測定法	粘度範囲 (dPa·s)	特性温度	$\log \eta$ / dPa·s	備考
beam-bending	$10^7 \sim 10^{16}$	歪点 (strain point) 水平に置いたガラス棒が自重で曲がり始める温度	14.5	歪み除去の下限温度
fiber elongation	$10^8 \sim 10^{15}$	徐冷点 (annealing pt.) 直径 0.55〜0.75 mm,長さ 230 mm のガラス糸が長さ 1 mm/min で伸びる温度	13.0	歪み除去の上限温度
penetration	$10^3 \sim 10^8$	サグ点 (sag pt.)	10〜11	ガラス成形の目安温度
parallel plate	$10^5 \sim 10^8$	軟化点 (Litleton pt.)	7.65	
回転円筒	$\sim 10^5$	流動点 (flow pt.)	5.0	
球引き上げ	$10^{-1} \sim 10^5$	作業範囲 (working range)	4〜7.65	流動温度から軟化点までのガラス成形作業に適する温度範囲

的に特定の粘度値を与える温度でガラスの特性を表す場合が多い．表 9.2 に特性温度の定義と対応する測定法と粘度値を示した．

前節までに述べたように色々な物質の粘度測定を手掛けてきたが，それらを含め各種測定法の適用範囲を粘度と温度に対して図示してみると図 9-1 のようになる．

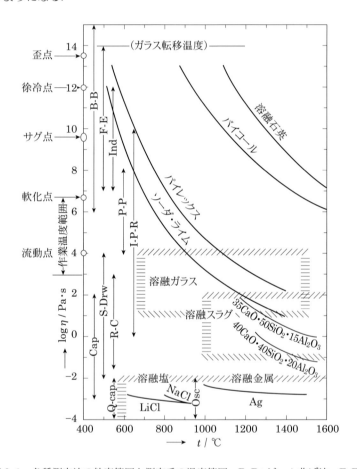

図 9-1　各種測定法の粘度範囲と測定系の温度範囲．B-B：ビーム曲げ法，F-E：ファイバー伸延法，Ind：貫入法，P-P：平行平板法，I-P-R：貫入・平板/変形・回転法，Cap：毛細管法，S-Drw：球引き上げ法，R-C：回転円筒法，Q-cap：石英毛細管法，Osc：振動法，スラグ組成は重量 %

室温付近においては材質的制限が緩やかであるため色々な測定法が使用でき，測定目的に従って，迅速性や高精度測定など各種の要求に応じた測定法の選択が可能である．しかしここで取り扱ってきたガラス，スラグ，塩，金属など，本質的に高温での測定となると常温では可能であった選択の余地も狭まってくる．測定対象となる試料とそれを収める容器や測定雰囲気との化学反応が無視できなくなり（材質的制約），また加熱炉や炉芯管との関連から生ずる形状的制約もあるからである．測定法の本質と言うより，その使用環境によって縛られるといえよう．当然，測定コストの問題も起こってくる．

ただ幸いなこと（？）に，今までの経験によると高温融体における非ニュートン的流動性はほとんど観察されていない．無論例外もある．クロミアを含む $CaO-SiO_2-FeO$ 系で Cr_2O_3 を添加してゆくと，クロミア添加量がある量を超すと流動特性に流速依存が観察されたことがある．急冷試料の組織観察によると，この流速依存性と鉄・クロマイトの析出が関係するように思われ，融体中に懸濁した鉄・クロマイトが関係している可能性が認められたが，この融体の非ニュートン性を全て懸濁粒子の存在に押しつけて良いかどうかは未解決である．これは筆者が経験した一例であるが，これを見ても高温融体だからという理由のみで単純な構造を持ったニュートン流体であると決めてしまうことはできない．また，場合によっては固・液混相の液体を測定対象とすることもあろう．そのような時にはダイラタンシーなどの挙動も考慮しなければならない．高温融体でも単純な流動を頭から仮定することは禁物で，とくに融点近傍ではクラスターの存在も可能性があり得る．

流動特性は類型的には図9-2のように分類されており，剪断速度と剪断応力の関係を測定して流動特性を求めることがレオロジー的に要求される．ネットワークを作るガラスなどでは，ネットワークのスケールが違うといえども本来，高分子並みの注意をもって測定に当たる必要があるだろう．とくにfragileなガラスに対しては慎重な測定が望まれる．

これまで述べてきた測定方法はほぼ表9-1に示すi），ii），iii）の変形であり，平行平板法はその他のv）に分類される．これまでに触れていないのはiv）の振動法である．溶融金属に対する適用には振動法が有力であり，か

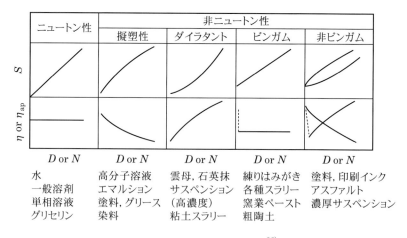

図 9-2 各種液体の流動特性 [26)]
S：剪断応力　D：剪断速度　N：回転数　η：粘度　η_{ap}：見掛け粘度

つて，筆者も傍でその測定を見ていたことがある [27)]．筆者は直接的に経験したことがないので振動法に触れなかったが，次の粘度測定・事始めにとっては重要な方法である．そこで，以下に溶融金属に適用された回転振動法について略述する．でもその前に，室温で用いられる毛細管粘度計について簡単な解説を述べておこう．高温での本測定に先立って，室温で装置の特性や測定条件を検討するのは必須な予備実験であり，その際用いる検定液の粘度測定はその前段階として不可避な道筋である．

ウベローデ (Ubbelohde) 粘度計 [28)]

毛細管粘度計として室温付近で賞用されるものにオストワルド粘度計とウベローデ粘度計がある．普通両者ともガラス製で図 9-3 の構造をしている．オストワルド粘度計は色々な形のものがあり，ここに示したものは最も単純な構造のものである．一定体積の試料を例えばピペットで試料溜 C に取り，管 1 から管 2 へ圧送して，測時球 A または B まで満たし，その後，試料を自然流出させて流出時間を標線 $m_1 \sim m_2$ 間，あるいは $m_2 \sim m_3$ 間の通過時

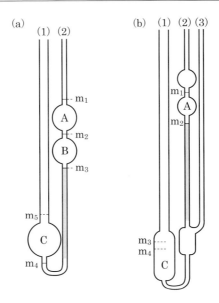

図 9-3 (a) オストワルド (Ostwald) 粘度計，(b) ウベローデ (Ubbelohde) 粘度計

間として測る．この通過時間 t から動粘度 v を次式で求める．

$$v = C_1 t - C_2/t \tag{9-1}$$

ここで C_1，C_2 は粘度計定数で市販品ではあらかじめ検定された値を記してある．自分で定めるときは，粘度標準液を利用するのが便利で，毛細管の幾何学的形状から算出するのはあまりお勧めできない．毛細管形状の精度良い計測には時間と労力と技術を要し，ペイしない．

ウベローデ粘度計の用い方もほぼ同様であるが，試料量の厳密な採取は必要なく，管 1 の標線 $m_3 \sim m_4$ の間にとればよい．管 3 を閉じて，管 2 から試料を吸い上げて測時球を満たしたところで，管 3 および管 2 を解放すると液柱は毛細管下部で切れ，一定条件のヘッドで試料は流出する．測時球の標線間で流出時間を測定するのはオストワルドと同じである．市販の粘度計には C_1，C_2 の検定値が記されている．オストワルドより試料採取量の厳密さが要求されないので扱いやすい．常温検定用として使用する液体の動粘度

表9-3 ウベローデ粘度計の毛細管径と測定範囲（常温）

測定範囲 cSt	毛細管内径 mm	毛細管長さ mm	測時球体積 cm^3
0.4～1.2	0.3		
1～3	0.4		
2～10	0.6		
10～50	0.9	85～95	5
20～100	1.1		
100～500	1.6		
500～2500	2.6		

を求めるために筆者もしばしばこのウベローデ粘度計のお世話になった．1本の粘度計でカバーできる動粘度の範囲はおおよそ半桁程度，従って何本かを用意することになる．表9-3にウベローデ粘度計の寸法の一例を示した．なお，測定には恒温槽が必要である．粘度計定数の温度変化（熱膨張の影響）はさして問題にならないが，試料そのものの温度依存（密度，粘度）は無視できない．

細管法を溶融金属に対して用いた例[23]，溶融塩に適用した例[29]がある．いずれも精密測定を目的にしたもので，高温度で使用するための材質の選択や，測時球の通過時間観察に工夫を凝らしている．

なお，毛細管粘度計で測定できるのは動粘度であり，粘度を求めるためには密度の値が必要である．室温での密度測定には一定容積の試料液体の重量測定，あるいは試料液体中で既知体積の重錘に働く浮力を測る方法が通常用いられる．前者のためには図9-4のピクノメータが都合よい．図9-4(a)では細管の上端まで試料を満たし（溢流させる），(b)では標線まで試料を満たして秤量する．あらかじめ水を用いて秤量しておけば試料の

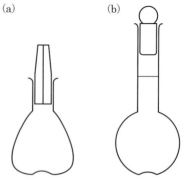

図9-4 ピクノメータ．(a)細管キャップ型，(b)定容標線型

秤量値と比較して比重が求まる．秤量時の試料温度を確認しておくことが大切である．ピクノメータは粉体の密度測定にも適用でき，便利なツールである．通常，パイレックス製であるが，普通のガラス製であっても，その熱膨張は液体の熱膨張に較べてほぼ無視できるので，特に精密な密度測定でなければ，液体の温度に注意すればこと足りる．

回転振動法 [22]

 一般に，溶融金属では耐火材との濡れが悪く細管の適用には困難（管壁での試料の辷り防止など）が伴う．そのため試料を容器に入れ，その容器の捩れ振動の減衰を調べるだけで済む回転振動法は話の筋書きとしては簡単である．もちろん容器壁界面で試料の辷りが起きたり，反応が起きたりすると測定に支障を生じ，机上の思惑どおりに行かない．高温の測定にはとかくトラブルがつきまとう．回転振動法の測定装置例を図 9-5 (a) に，振動振幅の減衰例を図 9-5 (b) に示す [22]．

 図 9-5 (a) にあるように，試料金属をるつぼに入れ，スタビライザーとなる慣性板と反射鏡を接続して上部から吊り線で懸垂する．慣性板に初期の捩れを与えると，吊り線の捩れ弾性と振動系の回転モーメントとの釣り合いによって回転振動が起き，その振幅はるつぼ内流体の粘性抵抗によって緩和される．その緩和過程をレーザーを光源とした光学系によって観測する．その振動状態をフィルムに露光したものが図 9-5 (b) である．なお図 9-5 (b) はフィルムを振動周期に同調して下方にずらし，途中でずらす方向を上方に反転して減衰状況が同一フィルムに収まるようにしている．このフィルムの設置はレーザーの反射鏡に対して円弧状に設置するとよい．

 試料粘度 η は振動周期 T と対数減衰率 δ から次式で与えられる．

$$\eta = (I\delta/\pi R^3 HZ)^2 (1/\pi \rho T) \tag{9-2}$$

ここで，$\delta = \ln(A_i/A_{i+1})$ は対数減衰率（A_i は i 番目の振幅），I は振動系の回転モーメント，ρ は試料密度，R と H はるつぼ半径と試料深さ，Z は減衰

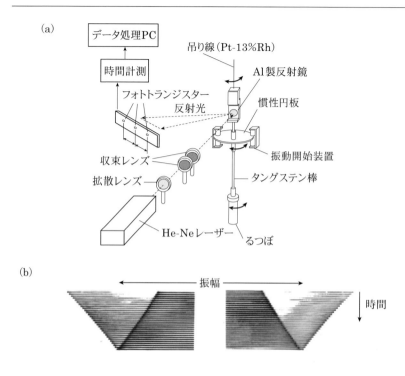

図 9-5 (a) 回転振動法測定模式図. (b) フィルムに記録した減衰振動波形例

に及ぼす形状係数で Roscoe により理論的近似解が与えられている.

もちろん標準試料を用いて実験的に形状係数を定める方法もあるが, 現在は繰り返し計算によって精度を上げる Roscoe の方法が主流である. なお, 図 9-5 (b) のフィルム解析から対数減衰率を求めるより, フォト・トランジスターを用いての時間計測から求める方が精度が高く, 図 9-5 (b) は測定全般のモニターとして使用されている.

溶融金属の測定は粘度値が低く密度が高いこと, 器壁との濡れが悪く表面張力が大きいことなどによって中々困難である. おまけに温度が高いと蒸発が無視できず酸化や容器との反応も起きやすい. 不都合ずくめの測定である. 回転振動法は有力な方法であるが, 簡単な方法とは言い難い. 簡易測定法の開発が待たれるところである. なお, ここでは回転るつぼを懸垂糸より

下方に置くタイプを図9-5 (a) に示したが,懸垂糸より上方にるつぼを保持する逆懸垂型も工夫されている.図9-6はその例で支持ビームから2本の懸垂線で振動系を吊り下げている.懸垂線を2本用いることにより (bifiler),1本の懸垂線を用いる (unifiler) ときよりも高感度と安定性の有利さを得るが,反面,懸垂系の調整が難しくなる.逆懸垂型には上から試料表面を直接観察できる特徴があり,さらに振動系の固定位置と回転系の重心位置を近づけるメリットはある.筆者も試みたことがあるが,るつぼの首振り運動や振動周期の調整など結構難しい.

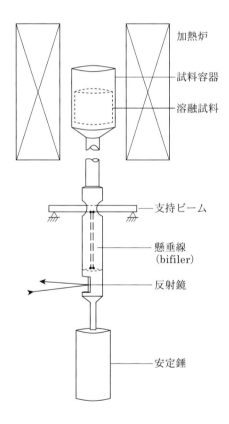

図9-6　逆懸垂型回転振動法の例[30]

興味ある問題

やり残した課題で面白そうなものを筆者の主観で拾ってみる．なお，測定対象の中には興味ある系がいくつも残されているが，測定法に主眼を置いている本書では測定系の話を論外とした．

降温過程での粘度測定

ガラスからメルトに至る昇温過程での粘度の連続測定については4節で取り上げた．その逆の，メルトからガラスへの冷却過程での粘度変化を連続的に測定することはガラス化現象の解明やメルトの凝固過程の理解に資するものと考える．しかし実際にそのような測定が広い粘度領域にわたって行われたという話は聞いていない．低粘度から高粘度への連続測定は困難である．メルトの範囲では温度を上げ下げして測定し，測定値が熱平衡状態のものであることを確かめるのが常識である．それができるのは，測定操作の中に不可逆な操作を含まないからである．とくに回転円筒法などは大変都合がよい．ニュートン流体では回転速度と回転トルクの間に比例関係があるから測定回転数に特別な制約はなく，粘度の温度変化に応じて回転速度を変え，適切なトルクで測定することができる．通常の液体では凝固点で粘度は不連続に変化し，結晶化すれば，その粘度はもはや測定外である．つまり，凝固点以下の測定は考えなくてもよく測定粘度範囲もそう欲張る必要がない．球引き上げ法でも同様で，引き上げ速度を変えれば測定に都合の良い範囲の力で粘度を測定できる．もちろん引き上げ球の径を変えれば測定範囲をオーダーで変えられるが，測定途中で連続的に球の径をバルーンのように変化さすことはまず不可能である．もっとも，容器をコーン型にして器壁の影響を利用することはできるであろうが，6節に述べたようにオーソドックスではないし，それほど測定レンジを拡大できるとも思えない．ただ，高圧下にあるシリケート・ロックの粘度を白金粒の沈降速度から測定する実験を見学したことがある．固相試料の上面に種々の粒径の白金粒を並べ，所定時間試料を溶融・凝固後，白金粒の沈降距離を測る方法である．もちろん常圧下でも

採用できる方法で，溶融・凝固の擾乱を考慮して補正すれば一考に値する方法であろう．

温度を下げて結晶が晶出し始めた固／液共存領域での見掛け粘度はレオ・キャスティングなどのプロセスにおいても重要な値で，状態の記述（結晶の分散状態など）とともに測定が工夫されている．でもこれは，粘度測定というよりむしろダイラタンシーの測定であり，next door の話である．

ガラスでは状況が変わり，明瞭な凝固点を示さず温度降下とともに連続的に粘度は増加する．メルトの測定で有利な回転円筒法をガラス領域まで測定範囲を拡げるのには限度がある．図 9-1 に示したように回転円筒法では高々 10^3 Pa·s までが限度であろう．内筒径を細くすれば高粘度に対応できるが低粘度のメルトに対応できなくなる．測定途中で内筒を交換することは困難である．

そこで，内筒を径がその高さによって連続的に変わる円錐体とし，粘度の増加に連れて液体から円錐体を引き上げて，液に浸る長さとともに径も小さくするとどうであろうか．回転円筒法で，半径 R の外筒に半径 r の内筒を深さ h で挿入したとき，外筒の回転速度 ω のとき内筒に生ずるトルク M は，

$$M = 4\pi\eta\omega h \left(R^2 r^2 / (R^2 - r^2)\right) \tag{9-3}$$

で与えられる．外筒の半径は一定として，トルクは内円筒の浸没深さ h に比例し，その半径の 2 乗に比例することになる．そこで，円錐形の内筒を使って液に浸す長さを変えれば，略略，内筒の浸没深さで 1 桁，その半径の変化で 2 桁稼げる可能性がある．そうすると，回転数で 2 桁，トルク測定で 2 桁，円錐円柱の引き上げで 3 桁，合計 7 桁の範囲をカバーできる可能性がある．完全にガラス領域までは無理としても，その入り口まで実測できると外挿の確度がぐっと高くなる．試してみる価値はありそうだ．以下，もう少し定量的に見積もってみよう．

通常回転円筒法で用いられる少し大きめの円筒を想定して，外円筒として内径 40 mm，高さ 60 mm，内筒に相当する円錐筒を頂角約 14°，底面径 30 mm，高さ 60 mm として (9-3) 式の右辺，$hR^2 r^2/(R^2-r^2)$ を形状因

子（トルク因子）として計算してみる．円錐体を外筒の底まで浸し，円錐体を順次引き上げたときのトルク因子を，円錐体の浸没深さ x の関数として計算した結果を図 9-7 に示した．なお，ここでの浸没深さは液面基準であって円錐体の引き上げ高さの操作量 h でないことを断っておく．円錐体を引き上げれば，液面は引き上げられた体積分だけ低下する．従って円錐体の浸没深さは引き上げ操作量より浅くなる．図 9-7 の x 軸は下方が引き上げ操作量で上方の x 軸に円錐体の浸没量を示した．換算は体積バランスの次式によっている．

$$\pi H_0 (R^2 - r^2/3)$$
$$= \pi \ [R^2 x - (1/3)(\tan \theta \ (x-h))^2 (x-h)] \tag{9-4}$$

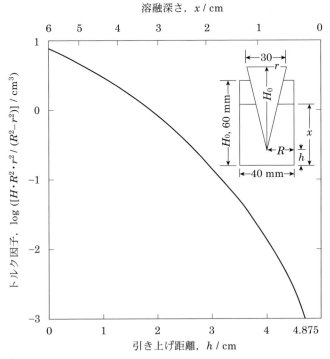

図 9-7 円錐体の引き上げ操作距離と浸没深さおよびトルク因子（対数）の関係

ここで H_0 は円錐体がフル・ディップした時の液面高さで，左辺は液体の体積である．x は液体面の高さ，h は円錐の引き上げ操作量つまり頂点と円筒容器底の距離である．

60 mm に浸した円錐回転体を約 49 mm 引き上げると液面低下が加算されてほぼ円錐先端部分のみが浸ることになるが，そのときのトルク因子は 60 mm のフル・ディップ時に較べて約 1/3000 に低下する（全長の 1/16（約 3.75 mm）が浸っているとして計算）．ほぼ予想通りの結果である．ちなみに，フル・ディップした円柱で考えると約 20 mm 径の円柱を挿入した時に相当する．

高粘度の試料において，規定した条件に円錐体の先端を保った測定が現実に行えるかどうか疑問であるが，原理的には面白い結果が期待できそうである．内筒回転型では円錐体の浸没深さが浅くなると極低回転速度でも流動が局部的となり，ここで仮定した条件を満たさなくなるであろうが，外筒回転型では局所的流動の影響は少ないであろう．しかし，円錐を引き上げてゆくと，試料の円錐体への付着などの影響が先端部分では特に強調されるので，そのあたりが，高粘度領域の測定における限界であろう．むしろ，付着した試料の曳糸性をファイバー・エロンゲーションに見立てた測定法を考えることもできると思われる．なお，試料容器も円錐状にした円錐/円錐回転法の場合のトルク因子も見積もってみたが，円筒容器を用いる場合と比較して因子の数値は大きくなるが，円錐容器の液面変化が大きく測定上の制約は多そうである．容器の製作上の困難さも大きく，まずは円錐/円筒回転法から試すのが良さそうである．ここでは降温過程について考えたが，回転法の可逆性から昇温時にも使えそうである．高粘度状態で低速回転している試料に円錐体の頂点を貫入させ，その貫入速度から粘度を推定し，トルクが明瞭に測定できる貫入深さからは回転法で粘度を測定する．円錐体に与える貫入加重と貫入距離の測定が必要であるが，工夫次第では可能であろう．昇温・降温をセットで測定できると色々新しい知見が得られる．

その他，ガラスに適用できる方法の多くは表 9-2 に示したようにガラス試料の変形を観測するもので，本質的に不可逆な測定である．従ってメルト

におけるような可逆操作は望めそうもない．可能性としては試料の変形を引き起こす荷重を変えて変形速度を制御する方法である．粘度の低い高温では荷重を軽く，粘度が高くなる低温域で荷重を増し，一定の変形速度で観測することができれば降温方向の測定も行える可能性がある．変形速度の変化をフィードバックして荷重を制御することになる．フィードバックのためには荷重方法を電磁気的に，例えばリニア・モーターを適用するなど，方法はありそうである．極微少な変形速度を操る測定技術の腕の見せ所でもある．もちろん本筋の昇温側でも使用でき，測定精度の向上にも繋がる．

溶融金属への短管法の適用

　液浸型短管流出法は途中でギブアップしたが，やり残したアイデアを記しておきたい．

　成功しなかった原因の一つに溶融金属の浮力の問題がある．流出セルを上手く試料に押し込めないことが最大の問題点である．溶融メタルより密度の大きいセルを得ることは困難である．とすれば，メタルをセルに汲み上げるしか方法はない．ポンプを考えてみたが材質，特に弁に適する材料を思いつかず，系全体を閉じて圧力で操作することになる．そのなかで最も簡単なものとして図9-8に概念図を示す．それ以外では入れ子式流出セルも面白い

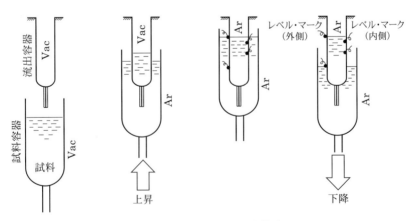

図9-8　液浸短管粘度計操作模式図

が焼き物で作るのは結構大変であろう．封じきった容器を使う回転式の粘度計[29]も面白いが，容器材質がほぼ石英に限られ，適用が限定的になる．

図9-8，9-9に以前試みたが操作が煩雑であるためお蔵入りした短管粘度計の装置をもとに液浸型への改良を考えてみた．ここでは試料の流出容器を固定し流出量は下部の秤で量ることになる．試料容器の昇降と圧力操作で試料の汲み上げを行うことと，試料の液面位置を標線代わりの針状電極で検知

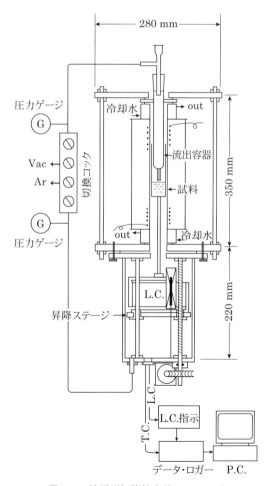

図9-9　液浸型短管粘度計のイメージ

することが基本となる．融体の液面を検知するレベル・マークに電極を用いることは融体の実験でしばしば使用されるが，ウベローデやオストワルド粘度計の標線代わりとしてどの程度まで対応できるかは未知数である．従って，レベル・マークを用いるにせよ，試料重量と試料容器の位置情報は定量性を確保するために不可欠である．前節で述べた液浸型では試料重量を流出容器の秤量によって求めていたが，今回の提案では流出セルを固定しているため流出量だけを取り出して秤量することができず，試料容器にある全試料重量を秤量する形となり，感度はどうしても低下する．結局，全試料重量中，一部の変化量をどう精度良く測ることができるかがネックになる．また，レベル・マークが流出セルと試料セルの液面変化をどれほど精度良く測れるかが鍵であろう．　参考のため全装置のイメージを図9-9に示した．なお，この図面でレベル・マークは省略している．操作上のネックは図9-8 (b)に示した試料の流出容器への汲み上げにある．流出容器を排気しながら試料容器を押し上げかつ，加圧して予定の両容器間で液面高さの調節をする．排気と加圧，容器位置の移動を同時に行うことは結構大変である．いったん，所定位置(c)まで試料を汲み上げれば，(c)の静止と(d)の流出の測定繰り返しは操作的には難しくなく，また，(d)→(c)間でも試料容器から流出容器に逆流する形で測定できる．

　8節の話では流出容器を固定していなかったためストッパーの使用が困難であったが，図9-8のように固定した流出容器ではストッパーの利用も7節と同様に可能であろう．ストッパーを利用すると流出時の初期ヘッドを明確に設定できるメリットがある．

　話は飛ぶが，色々な装置を組立てられる時に，あると便利なラックを考えたことがある．一例を図9-10に示す．この図では加熱炉を下に置くことを考えている．途中の棚に煽りの調節が利く棚を設けると色々な場合便利である．3本のネジで面に必要な傾斜角度を出し，残りの2本を使って後から固定するとよい．x, y, z軸の調節は普通に用意されているが，垂直軸に対しての角度調節は必要な割に用意されていない．例えば，先ほどの円錐円筒法を組むときなど，外筒回転型を採用し，昇降棚に回転機構を載せ，外円筒の

9　終即是初

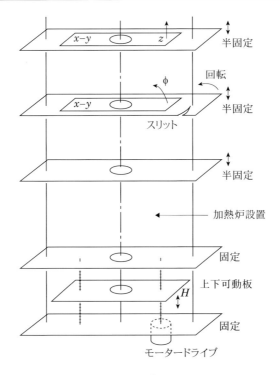

図9-10　万能実験ラック

回転と昇降を独立に操ると都合がよい．その際，外筒の回転軸の傾きを調節するための煽り調節機構は必須である．

　必要な測定装置を棚に取り付ける．不要なときは回転させて測定ラインから外し，必要なときにセットする．そのようにすると，one heat のうちに測定装置を交換して複数の測定ができる．同一試料での測定というメリットがある．全体をクローズにして雰囲気を制御することも可能である．大型の引き抜きバルブを使い，棚ごとの気密を保つようにする．トップにはベルを使うのが便利．筆者は炉用1段，測定用2段のラックを一度試作したことがあるが，その時は，支柱にステンレスを用いて失敗した．ステンレスは摺動に弱く容易に喰い込んでしまって難儀した．要注意である．

113

10 閑話及題(よそごとをすこし)
(Another stories)
―ガラスとメルト―粘度の温度変化―

　9節，表9-2に示したように，従来のガラス粘度の測定はある特定の粘度領域に適当する測定法によって行われ，"ある特定の粘度値を与える温度"という形で表示される．粘度と温度の関係はいくつかの独立な粘度測定法を組み合わせ，温度に対して飛び飛びな粘度測定の結果より粘度の温度変化を推定している．4節の測定法によりその不連続性を解消し，ガラスからメルトまでの広汎な粘度（温度）領域が一続きの操作により測定できるようになった．そこで，ガラスからメルトへと温度を変えて粘度を連続的に測定して行くとき，粘度が温度によってどのように変化するのか，またその測定過程で遭遇するかも知れないいくつかの現象，それらについて纏めておくのも悪くない．以下，ガラスの粘度測定に必要な予備知識と成りうるであろういくつかの関連事項を纏めてみる．まずはガラス状態の位置づけから始めよう．

物質の存在形態

　物質が存在する形態（相）は温度，圧力（あるいは体積）という状態変数に依存するが，通常の条件下では，固体（固相），液体（液相），気体（気相）という物質3形態のいずれかに属する（固相，液相をまとめて凝縮相と呼び，圧力の影響が大きい気相と対比する）．圧力を一定，例えば1気圧に

保って温度を上げてゆくと，ある定まった温度で固体から液体，そして液体から気体へと変化する．これは物質を構成する分子あるいは原子が，温度の上昇とともにより多くの熱エネルギーを獲得してその運動を活発化させ，固体においては，ある位置において振動していた原子が回転もできるようになると融解して液体となり，さらに粒子間の相対位置を束縛なく自由に変えられる（並進の自由度を得る）と蒸発して気体になることに対応する．当然，熱力学的にはエンタルピーの増加をもたらす．液体から気体への変化には気体の圧力が大きく関与し，ある臨界温度・臨界圧力以上では高密度の気体，あるいは低密度の液体と見なせる単一相，超臨界流体に変化する．水や炭酸ガスの超臨界流体は良好な溶媒として工業的にも利用されている．さらに気体を高温にすると分子や原子のイオン解離が起こり，外部から見れば中性，内部ではイオン化している状態—プラズマ—となる．電場によっても生成し，ガイスラー管や蛍光灯などは低温プラズマの例である．プラズマはしばしば第4の状態と呼ばれる．以上の様子を温度と圧力の関係として図10-1に定性的に示した．また，各相のエンタルピーを模式的に図10-2に，相の変化に伴う熱の出入りを表10-1に示した．これらの図中で，ガラスは平衡相でないため，括弧付きである．

臨界圧以下の圧力下で気相の温度を下げてみよう．ある温度，露点で凝縮

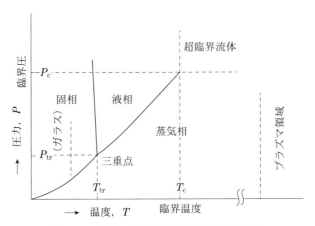

図10-1　温度－圧力を変数とした模型的相図

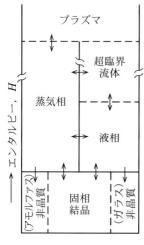

図 10-2　各相のエンタルピー

表 10-1　相変化と潜熱

相変化	現象	温度	潜熱
固→液	融解	融点	融解熱（吸熱）
固←液	凝固	凝固点	凝固熱（発熱）
固→気	昇華		昇華熱（吸熱）
固←気	凝縮		凝縮熱（発熱）
液→気	蒸発	沸点（1気圧）	蒸発熱（吸熱）
液←気	凝縮	露点	凝縮熱（発熱）
気→プラズマ	電離		電離熱（吸熱）
気←プラズマ	会合		会合熱（発熱）
超臨界流体	臨界温度，臨界圧以上で存在し界面を持たない液体あるいは高密度気体		

が起こり気相から液相を生じる．さらに液体を冷却して融点に達すると，多くの物質は融点で相変化を起こし液体から結晶へと液相‐固相変態（凝固）を起こす．しかし，ある種の物質，ガラス化物質，有機ポリマーなどは融点以下に冷却しても結晶せず，熱力学的には不安定な過冷却の状態を保ち続ける．その間，状態変数は液体の値を引き継ぎ温度の変化とともにスムースに変化し続け，ついには流動性を失って準安定な固相のガラスになる．この話は次項でガラス化のプロセスと関連して考えよう．

なお，図 10-1 の相と成分と自由度—独立に選べる変数の数—の間に次の相律が成立することを付け加えておく．

$$f = c - p + 2$$

ここで f は自由度，c は独立に取れる成分数，p は相の数であり，数値 2 は $c-p=0$ の時の自由度，つまり純系の単一相を規定する独立変数の数，普通は温度と圧力（あるいは容積）を示す．例えば水だけの 1 成分系で，氷と水蒸気の平衡する線上では $c=1$, $p=2$ であるから $f=1$，つまり温度か圧力のいずれかを変数として選ぶことができるが，氷と水と水蒸気が共存す

る三重点では $p=3$ で自由度 f はゼロとなり，温度も圧力も一義的に定まって外部から変えられない．これを利用して温度の基準点とする．

メルトからガラスへ―粘度変化― 核生成と結晶成長

"水は方円の器に従う"という諺通り，液体はそれ自身で形状を保つことはできない．その液体を最も特徴付けるのは流動性，その逆数である粘度の融点を挟んだ変化の例を図 10-3 に模型的に示した．

図 10-3 で，横軸は絶対温度を融点で規格化した換算温度，T/T_m である．金属や塩類，また単純な有機物の多くは $T/T_m=1$ で液体から固体結晶へと

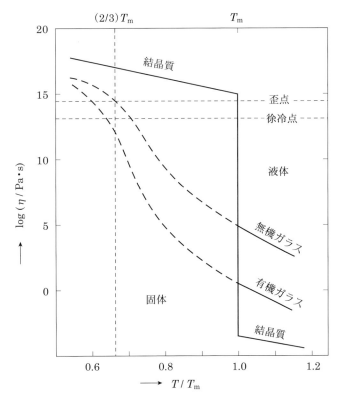

図 10-3　結晶質物質とガラス質物質の融点前後の粘度変化

変化し，その粘度は不連続的に 10^{15} dPa・s 以上も増加する．それに反し，ガラス質物質では $T/T_m=1$ を挟んで連続的に変化し，過冷却の間にその粘度を増加する．このことは，液体の構成要素である分子やイオンなどがその運動の自由度を連続的に減じてゆくことを示している．従って過冷却が進むと熱力的な不安定性は増すが，それを解消するための結晶化のプロセスが粘度の増加とともに進み難くなることを示している．そして粘度増加の結果，現象的には固化した液体，つまり構成要素の空間的分布は液体的であるがその運動の自由度は結晶に準じているというガラス状態が現れることになる．結局，ガラス化の現象は熱力的に不安定な状態が，速度的に凍結されて準安定な状態を保っているものと考えて良いであろう．後に述べるように，ガラス状態での長時間保持やガラスの加熱過程において，条件次第でより安定な結晶状態に戻ることは十分に可能であって，ガラス状態からの結晶化はある意味，必然なプロセスである．このような液体の過冷却状態からガラス状態への変化をガラス転移と呼んで格好な緩和現象の例となっている．

　ガラス化の傾向がない通常の液体でも静かに冷却すれば，融点以下の過冷却状態がしばしば観察される．熱電対の補正のため純物質を用いてその融点を測定（熱分析）するが，融点以下になって突然凝固が始まり，温度が融点付近に跳ね上がる現象に遭遇することは珍しくない．特に融体との濡れが悪く，かつ接触面積の少ない滑らかな表面を持つ容器に高純度の試料を入れたとき，このような過冷却が起こりやすい．液体の凝固現象は以下にその概要を述べる核生成と結晶成長の理論により，少なくとも定性的には説明できる．そして粘度の高い液体では，その核や結晶の成長が妨げられ，過冷却が起こり，ついにはガラス化に至る[*11]．以下，そのプロセスを追ってみる．

　もっとも単純な均一核生成を考える．均一というのは核の生じる場所が均一な液相であることを意味し，後で述べる不均一核生成は異相との界面（固/液界面）から核が発生することを意味する[11)]．

---

* 11　過冷却による粘度上昇が著しくない通常の液体でも，条件が調えば融点の 2/3 程度，つまりガラス転移点近くまで過冷できるという．

融点より低い温度で考える．半径 r の核の芽（球状）が体積当たり ΔG_r だけ液体よりも，過剰な自由エネルギーを持ち，かつ面積当たりの固/液界面張力 σ を持つとすると，液体と固体の体積当たりの自由エネルギー差を ΔG_v として，

$$\Delta G_r = -(4/3)\pi r^3 \Delta G_v + 4\pi r^2 \sigma \tag{10-1}$$

この式より，図10-4のように，核の半径がある臨界値 $r^*(=2\sigma/\Delta G_v)$ になったとき核の自由エネルギーは最大値，$\Delta G_r^*(=16\pi\sigma^3/3\Delta G_v^2)$ となる．つまり，r^* より小さい核芽は消滅し，r^* より大きい核芽は成長して結晶核となる．この意味で半径 r^* の核を臨界核と呼ぶ．

r^* より核が成長するためには結晶を形成する液体分子が核の表面に移動してくることが必要で，核/液界面を乗り越えての分子の拡散係数を D' とすると，核の成長速度，I は

$$I = KD'\exp(-16\pi/3)(\sigma^3/\Delta G_v^2 kT) \tag{10-2}$$

ここで K は分子の振動数を含む定数である．

ΔG_v は液体と固体の自由エネルギーの差で，融解熱 ΔH_f，結晶と液体のそれぞれの比熱差の温度変化より求まるが，融点近傍では比熱の差が温度に依存しないとして，

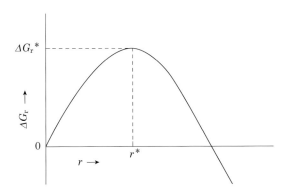

図10-4 臨界核半径と臨界核自由エネルギー

$$\Delta G_v = \Delta H_f - T\Delta S_f = \Delta H_f \Delta T / T_m \qquad (10\text{-}3)$$

と近似することが多い．ここで $\Delta T = T_m - T$ は過冷却度である．もちろん ΔT は十分小さいことが前提である．

結晶の成長には液体から結晶に向かう拡散と，結晶から液体に溶け出す拡散の差を考えなければならない．前者の拡散に対する駆動力は液体と固体の自由エネルギー差 ΔG_v，後者のそれは結晶界面積を減少しようとする界面張力である．界面張力の温度依存性はバルクの自由エネルギーのそれより小さいので，凝固が進行中の状況（冷却過程）では液体→結晶の拡散を考えれば成長速度を論じられよう．結晶界面を通しての拡散定数を D'' として結晶成長速度 U は

$$U = (fD''/\lambda)[1 - \exp(-\Delta G_v / kT)] \qquad (10\text{-}4)$$

融点近傍で (10-3) を用いて近似すると

$$U = (fD''/\lambda)(\Delta H_f \cdot \Delta T / kT \cdot T_m) \qquad (10\text{-}5)$$

逆に融点より離れた低温では ΔG_v が大きくなるため

$$U = fD''/\lambda \qquad (10\text{-}6)$$

ここで f は拡散原子の結晶での受け入れ可能サイトの全サイトに対する分率，λ は界面におけるジャンプ距離である．一般に受け入れサイトの数は結晶に向かう方向と結晶から出て行く方向では異なるが，ここではそれを無視している．当然 f は結晶の成長機構に関係し，一様成長 (uniform growth) では過冷却度に無関係で，面成長 (lateral growth) では ΔT の関数になる．

核生成速度と結晶成長速度の定性的な関係を，図 10-5 に過冷却度に対して図示した．図からわかることは，結晶核の発生にはある程度の過冷却が必要で，逆に結晶成長は融点に近い高い温度が有利なことである．従って冷却速度を速くすると結晶核が発生しないうち結晶の成長速度が小さくなり，極端な場合，成長速度がゼロの温度領域に入ることになる．通常では不可能な

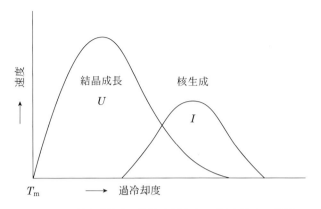

図 10-5　核生成速度，結晶成長速度の過冷却度との関係

アモルファスメタルが出現する理由である．冷却速度はガラス化の大きな要因である．また，I の式にも U の式にも拡散定数が入っている．拡散定数は粘度と密接に関連し，粗く言って逆比例の関係にある．従って，図 10-3 に示したガラス形成物質の粘度と温度の関係から，温度低下による粘度増加が結晶成長および核生成の阻害要因となることは明らかである．図 10-5 には時間軸がないので冷却速度との関連がわかり難いが，I と U の重なりあう領域で核ができ，成長する．従ってこの温度領域をそこに示されている縦軸の速度より速い速度で通過すれば結晶が生成しないはずである．

　この図の I は均一核生成の条件で書かれたもので，現実の実験では液体を入れる容器が存在するし，また液体中に不純物，特に異相の混入物が存在する可能性がある．このような不均一核生成では濡れの寄与が大きい．液体と核の間の接触角を θ とすると不均一核生成の臨界半径 r^*，臨界自由エネルギー ΔG^* は次のように書ける．

$$r^* = 2\sigma \sin\theta / \Delta G_v \tag{10-7}$$

$$\Delta G^* = (16\pi/3)(\sigma^3/\Delta G_v^2)[(2+\cos\theta)(1-\cos\theta)^2/4] \tag{10-7'}$$

θ が小さいほど，つまり濡れが良いほど核の発生は容易になる．大きな過冷却度を得ようとする実験では，試料を小滴とし（異物混入の可能性を減ず

る），平滑でかつ濡れない表面を持つ容器を用いる．

　融点における粘度が高いシリケートや有機高分子で容易にガラス化するのは，たとえ不均一核生成が起きても，高い粘度のためにその成長が阻止されることによるものである．

ガラス状態とガラス転移
―熱力学―Kauzmann 温度―分子論モデル

　ガラス化する物質は概して融点における粘度が高く，融点以下の温度でも結晶化することなく安定に過冷却状態を保っている．このように安定な過冷却状態で，系の熱力的な変数がどう変化するかを見てみよう．

　図 10-6 [31)] はガラス化しやすい glucose を 10 K/h の冷却速度で観測したときの液体，ガラス，結晶の熱力学量（g 当たり）と温度（K）との関係模式図である．図 10-6 (d) は (b) と (c) から計算した過冷状態と結晶状態のエントロピー差および自由エネルギー差である．ΔS が 0 となる温度の近辺に Kauzmann 温度 T_K がある．なお，当然のことながら，融点では液相と固相が共存するから $\Delta G=0$ である．

　図 10-6 (a)（体積），(b)（エンタルピー），(c)（比熱）において，A, B, D, E はそれぞれ液体，融点における液体と結晶，そして低温での結晶を示し，C と F はガラス転移温度における過冷液体および低温におけるガラスを示している．液体状態の A から冷却すると融点 T_m で通常ならば融解熱を放出して液体 B から凝固して結晶 D となり，さらに冷却すれば D→E の径過を辿る．他方，融点で高い粘度を示す物質は融点の B を通り越しても核生成と結晶成長が進まず，準安定な過冷却状態を保ち，C 点で変化してその温度以下で結晶類似の温度依存性を示すようになる．この不連続的な変化を示す温度をガラス転移点（転移温度）T_g と呼んでいる．一般に物質を構成する粒子―分子，原子―の運動の自由度は結晶よりも液体の方が大きい．直観的に言えば，液体は回転の自由度を保つが結晶はそれを失っている．そのため温度によって粒子の運動が変化する割合は回転・振動の自由度を持つ液体

で大きく振動の自由度のみの固体では小さい．従って過冷却による内部エネルギーの損失は液体の方が大きく，融点よりの過冷却による内部エネルギーのロスが融解熱とコンパラブルになったところで結晶の温度変化に近づこうとする．それが筆者の熱力的なガラス転移の理解である．

図 10-6 (d) の過冷却状態と結晶状態のギブス関数の差，ΔG は，融点ではもちろん固－液相が平衡するから $\Delta G=0$ で，温度が融点より下がれば結晶が安定相であるから ΔG は正になる．ΔS は $\int (\Delta C_p/T) \cdot dT$ であるから ΔC_p の減少に伴って図のように減少する．図 10-6 (c) の過冷却状態 BC をさらに低温にすると，正の有限温度で過冷却液体の C_p は結晶のそれと等しくなり同時に ΔS もゼロとなる．それは，図 10-6 (d) に示したように，T_g 点よりさらに低温側で液相のエントロピーがゼロになることを意味し，第三

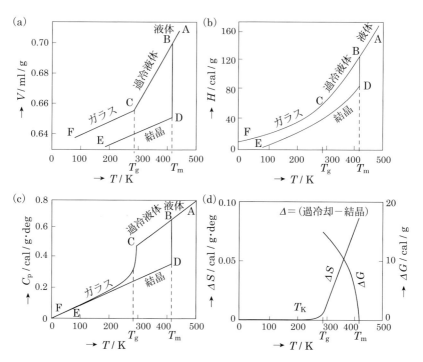

図 10-6　熱力量の融点以下の振る舞い (a) 体積，(b) エンタルピー，(c) 比熱，(d) ΔS, ΔG

法則に矛盾する(Kauzmann paradox).ガラス転移点で熱力量の温度変化が結晶のそれと等しくなる現象は,あたかも自然の意志でその矛盾を避けているように見える.この ΔS がゼロになる温度を Kauzmann 温度,T_K と呼ぶが,常に $T_\mathrm{g} > T_\mathrm{K}$ である.

ここで例示した過冷却液体から結晶に近づこうとする変化(ガラス転移)は図 10-6 (a) の体積やその他,膨張率をはじめ,各種の物性測定においても観察されており普遍的な現象である.ガラス転移点の定義は色々なされているが,最も実用的には,粘度が 10^{13} dPa·s となる温度をもって T_g とする慣例的な方法である.しかし他方では比熱や比体積との関連から粘度 $10^6 \sim 10^{10}$ dPa·s が対応するとする考えもあり,一義的に粘度から定めることは難しい.ただ先に述べたように,ガラス転移の現象そのものが粘度と深く関わることは間違いなく,次に述べる粘度の温度変化に係わることはむしろ当然であろう.

表 10-2 に代表的なガラスの T_g をその測定法とともに示した.

4 節で実験的に求めた T_g は試料の膨張率の特異的変化に基づいている(図 4-4 参照).ただ,そこでの測定では荷重下での測定であり,かつ加熱過程である.それらの影響が無視できるという保証はない.ただ引き続いて軟化

表 10-2 ガラス転移点における物性値例 [31]

物 質	T_g (K)	T_m (K)	$T_\mathrm{g}/T_\mathrm{m}$	T_g の決定法
S	245	393	0.63	熱膨張
Se	304	493	0.63	〃
As_2O_3	433	585	0.74	〃
B_2O_3	553	723	0.76	〃
GeO_2	800	1388	0.57	〃
P_2O_5	537	853	0.63	粘度
SiO_2	1463	1996	0.73	〃
$Na_2Si_2O_5$	732	1142	0.66	熱膨張
$PbSiO_3$	659	1040	0.67	〃
$ZnCl_2$	367	590	0.64	〃
AsSe	443	573	0.77	粘度

温度が求まるため，T_g の目安としては役に立つ．

ガラスを「ガラス転移を示す固化した過冷却液体」と定義することもある．いずれにせよ，ガラス転移はある意味で速度論的である．そのためガラス転移温度，T_g を一義的に定めることは困難である．ガラス転移は「今世紀に残された物性物理の課題の一つ」とされており，20世紀から21世紀にかけて，熱力的考察，分子論的モデル，分子動力学シミュレーション，第一原理計算など種々の提案がある．それらの紹介は文献[32]に任せ，ここでは粘度測定を基にした熱力的 T_g の取り扱い，計算器シミュレーションの結果を踏まえた配位数モデルの概要を以下に紹介する．

ガラス転移温度：(Ojovan らの configuron モデル[33])

ガラス粘度の温度変化は単純ではない．後で述べるように，通常，液体の粘度は exp 型の Andrade の式や Eyring の式で表されることが多いが，ガラスでは広い温度領域にわたって一定の活性化エネルギーを持つ式で表すことは困難である．現実のガラス粘度を広い温度範囲にたわって忠実に再現する式として，Doremus の示した2つの exp 項の積としての表現がある．

$$\eta = A_1 T \cdot [1 + A_2 \exp(B/RT)] \cdot [1 + A_3 \exp(C/RT)] \quad (10\text{-}8)$$

ここで A_1, A_2, A_3 は定数，B, C はそれぞれ高温域と低温域における活性化エネルギーに対応する．

この式よりガラスの粘性流動が網目構造中の configuron [*12] (配置子：非結合手 (broken bond)) の生成と流動によるものと考えて導いたものが以下の式で，

$T < T_g$ で (10-8) 式は

$$\eta = A_L T \cdot \exp(Q_L / RT) \quad (10\text{-}9)$$

[*12] configuration energy (配置のエネルギー) を離散的に考え，net work 切断に伴うエネルギー変化を示す configuron (配置子) を導入した．

ここで $Q_L = H_f + H_m$

$T \gg T_g$ で (10-8) 式は

$$\eta = A_H T \cdot \exp(Q_H/RT) \qquad (10\text{-}9')$$

ここで $Q_H = H_m$

Q_L は低温における高い活性化エネルギー，Q_H は高温の低い活性化エネルギーを示し，H_f は configuron の生成エンタルピー，H_m はその運動のエンタルピーを示している．

　(10-8) 式が低温側と高温側を表現する粘度式の和であることは (10-8) の対数をとってから ln [ ] を展開すれば容易に理解できる．A_2, A_3 の係数は両項の相対的な重みを示すから，片方の係数を 1 としても差し支えなく，結局独立なパラメータは A_1, A_2, B, C の 4 つである．

　Ojovan ら [33] は (10-8) 式に現れるこの 4 つのパラメータを粘度の実測値を再現するようにフィットし，A_1 項から活性化エントロピー，B, C から高温と低温の活性化エンタルピーを求め (10-9) と (10-9′) 式を組み合わせて，configuron の生成と運動のエンタルピーを求めた．T_g 点はガラスの結合の強さに比例すると考えられる．そこで，準化学平衡を仮定し，

$$T_g = H_f/[S_f + R\ln(1-f_c)/f_c] \qquad (10\text{-}10)$$

によって T_g を求めている．

　ここで，f_c はパーコレーションの閾値[*13]であり，configuron がガラスのネットワークを切断して流動できる構造とするための configuron 最小分率に等しいと仮定している．なお，configuron 配置は無秩序であるとして配

---

*13　多孔質体を流体が通り抜けるとき，構成している孔がそれぞれ完全に閉じていては流体は通り抜けできない．その抵抗は孔の形状・分布，相互の連結状態などに依存している．このようなある意味，迷路問題や幾何学図形の接続を幾何学的に考察するのがパーコレーション理論であり，迷路が通じるための最小のネットワークの (全ネットワークに対する) 分断割合がパーコレーション閾値である．

置のエントロピーを定めている.

シリカの持つ四面体の頂点共有ネットワークに対し,パーコレーション閾値(percolation threshold)は $f_c = 0.15$ が理論値として知られているが,Q_L と Q_H が非常に異なる値となる fragile なガラス[*14]では $f_c \ll 1$ であることが知られている.Ojovan はこのような取り扱いを各種のシリーケートガラスや有機ポリマーについて試みている.

Brawer は BeF_2,SiO_2,CaF_2 ガラスの分子動力学シミュレーション(MD シミュレーション)からイオンあるいは原子の拡散過程を観察し,配位数の揺らぎが密接に関係していることを確かめた.注目する陽イオンと,その最近接イオン(陰イオン)を単位とする体積を体積要素(volume element)とし,配位数の多少に従った体積要素の分類から,多配位数の体積を高密度体積,少配位数の体積要素を低密度体積,それらの体積要素が集合してある大きさの体積になったものを領域(region)と呼び,それら領域の集合として系全体を考えている.

このように 2 種の密度セルという概念を用い,統計力学的な取り扱いによって Brawer は彼の分子動力学の計算結果を表現できる流体モデルを上手く設えている.粘度を含む緩和現象については時間を含む流動確率から論じているが,ここで取り上げるには些か複雑であり,その詳細は成書をご覧いただきたい[34].

Ojovan らおよび Brawer による分子論的モデルの考え方は空孔理論と自由体積理論の中間にある理論と考えることができる.Ojovan は結合の切れ目に注目し,configuron という概念を粘度の測定結果と組み合わせて理論体系を作り,また Brawer は配位数の変化をモデル化した密度要素を考えて,熱的また動的な性質を導く見通しを得ている.Brawer のシナリオは筋が通っているが単塩についての取り扱いで,成分数が増えるとその取り扱いはさらに複雑とならざるを得ない.Ojovan の取り扱いは半経験的とはいえ,パーコレーション理論との繋がりが将来発展すれば面白い結果を得られるで

---

* 14 strong と fragile の話は後述する(p.135 参照).

あろう.なお,自由体積理論は粘度の温度変化の項で触れる.

ガラスの加熱と再結晶
―メタル・ガラスの再結晶―ガラス・セラミックス

　ガラスを加熱して軟化,溶融することはガラスの成形や紡糸,ガラス・セラミックスの製造などで遭遇するプロセスである.前項で述べたようにガラスは準安定な過冷却液体であるから,加熱過程でより安定な結晶相(必ずしも平衡相とは限らない)を析出することが考えられる.

　顕著な例としてアモルファス合金の例を示す.図10-7に急冷凝固した非晶質合金(amorphous alloy)の昇温速度を変えたときの結晶化温度 T_c とガ

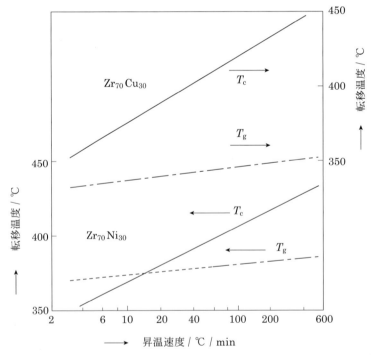

図10-7　アモルファス合金 $Zr_{70}Cu_{30}$ と $Zr_{70}Ni_{30}$ のガラス転移温度と結晶化温度の昇温速度の関係[32a]

ラス転移点 T_g を示す.アモルファス・メタルとメタル・ガラスの区別は通常,昇温時にガラス転移を示さずに結晶化するものをアモルファス,ガラス転移が冷却時,昇温時,ともに観測されるものをメタル・ガラスと称している.

図によれば結晶化温度 T_c の昇温速度依存性はガラス転移温度 T_g のそれよりもかなり大きい.$Zr_{70}Cu_{30}$ の場合は図 10-7 の昇温速度範囲で常にメタル・ガラスであるが,$Zr_{70}Ni_{30}$ の場合,ガラスかアモルファスかの区別は昇温速度によって変わるという際どい話になる.このような結晶化現象とガラス転移現象が競合することは通常のガラスでは見られないところで,おそらく,急冷によるガラス化の際の粘度挙動が通常のガラスのそれと大きく異なり,ガラス転移点近傍で急に増大するのであろう.

このようにガラス転移温度付近で結晶化が起こるには結晶核が,例えばクラスターのような形であらかじめ含まれていたものと思われ,結晶核がガラス転移点以下で新たに生ずるとは考え難い.長時間でガラスに発生する失透現象も,長年月によるガラス表面におけるアルカリ等のロスがシリカ等の結晶核を作り,そこを起点として結晶化するものと思われ,バルクのガラス中での自発的核生成は考えなくても良さそうである.図 10-7 の示すところは,結晶化が拡散支配のプロセスであって,そのため昇温温度の影響が大きく,一方,ガラス転移は空間的な再配列を必要としないため昇温温度の影響が小さいとして説明できる.

熱力学的に安定な平衡相は状態図に示されているが,ガラスの加熱過程で実際に平衡相が生成することはむしろ例外で,本来生成しそうもない非平衡相が先に生じ,中間相を経て,最終的に平衡相に落ち着くというプロセスを経ることが多い.先に記した核生成理論では,核生成として界面張力と,バルクと核の自由エネルギー差を駆動力として核生成が進行する.界面張力は核の組成によってそれほど大きく影響されることはないであろうから,むしろ非平衡相でも組成的に発生可能な固相のうち,バルクとの自由エネルギー差が大きい組成の核が優先するものであろう.また,アモルファス・メタルの例で見られるように,ガラス中にクラスターが存在して,それに類似の非

表10-3 アルカリシリケート中の核生成速度[31]

系	I/cm^{-3}·s	σ/erg·cm^{-2}	η/P	ΔG/V/cal·cm^{-3}
Li$_2$O·2SiO$_2$	60	196	2.5×10^9	89.5
Na$_2$O·2SiO$_2$	$<6\times10^{-4}$	126〜144	8.0×10^9	42.2
K$_2$O·2SiO$_2$	$<6\times10^{-4}$	88〜104	2.0×10^{11}	25.8

平衡組成が結晶核となることもありそうである．核生成速度が実測されている例を関係する物理量とともに表10-3に示す．

Li$_2$Oはガラスセラミックの主要な成分であり同表中でも唯一大きな核生成速度，Iを持っている．最初に発生する核の組成はマトリックスの組成にもよるがLi$_2$O·SiO$_2$とも言われている．最終的にはもちろん平衡相のダイシリケートに落ち着く．上記の表中でLiは他の陽イオンに比してイオン半径が極めて小さい．そのため格子間隙に侵入型として入り込みやすい．それが大きなIの値に寄与していると思われる．他のシリケートと比較して桁違いに大きいIの値を，σやΔGの相違により説明することは困難である．

ガラスセラミックスの製造プロセスは結晶化の参考になるであろう．一般に，結晶核となる成分を調合したガラス原料を溶融・均一化し，いったん凝固した後，十分に制御した加熱過程で結晶核を析出・成長させ，ガラス全体を必要量（30〜90%）だけ結晶化してガラスセラミックス製品を製造する．焼結と異なり，無気孔で表面が平滑であることを特徴とする．市販品にはLAS系（LiO$_2$-Al$_2$O$_3$-SiO$_2$），MAS系（MgO-Al$_2$O$_3$-SiO$_2$），ZAS系（ZnO$_2$-Al$_2$O$_3$-SiO$_2$）などがあり，とくにLAS系は低膨張率が特徴である．核生成剤としてはLi$_2$O，TiO$_2$，ZrO$_2$がよく使われる．したがって，これらの核生成剤を含むガラス試料は結晶化しやすいので，ガラス粘度の測定時，結晶の析出による粘度異常に特段の注意が必要である．

なお，相分離系であるNa$_2$O·SiO$_2$-xB$_2$O$_3$系を測定した筆者の経験では，$x=5$〜20 mol%範囲の加熱過程の粘度測定で，融点下の900℃近傍における粘度10^4 P程度から温度の上昇に従って粘度が上昇し，10^5 P程度を頂点として，融点における値10^2 Pに向かって低下する現象を観察している．この融点近傍における粘度の極大値を示す現象は相分離によるとしては温度が

高すぎるので，おそらく部分的結晶化の影響と考えられるが，測定途中で試料を急冷して調べることはしていない．測定の再現性はかなり良く，また，B_2O_3の濃度が30モル％を越えると，この現象は見られなくなるので，マトリックスの粘度が影響しているのであろうと推察できる．急冷して製作したガラス試料では加熱途中に平衡相に戻ろうとする傾向があるので，測定条件の設定に注意を要する．

ガラス粘度の温度変化
―Eyring流―fragility―自由体積―T-V-F式

粘度の温度依存性について纏めておこう．ここではガラスを含む液体を対象とし気体については考えない．

粘度の温度式にはArrhenius型のAndradeの式，体積の効果を取り込んだBatchinskiの式，遷移状態を考えたEyringの式，そしてAndradeの式の温度項に手を加えたFulcherの実験式などが挙げられる．ここではEyringの式を基にFulcher式の意味を考えて見たい．

まずはガラス状態とメルト状態を別々に取り扱った場合から見てみよう．

図10-8はホウケイ酸ソーダの対数粘度を$1/T$に対して図示したもので，独立したガラス状態の測定結果とメルト状態の測定結果を示している．それぞれの測定結果は，ほぼ$1/T$に対して直線で表現できるが，その中間温度域では明らかに飛びがあり両者を1本の直線で表すことは不可能である．ガラス状態の見掛けの活性化エネルギーは約100 kcal/mol程度でメルトのそれ，約40 kcal/molとは大きな開きがある．通常の解釈に従えば，ガラス状態とメルトでは流動機構が異なるか，あるいはEyring流にいうと流動単位が恐ろしく異なることになる．ガラスにおけるアレニウス・プロットからの外れについては後のfragilityの項で取りあげる．

もっとも，SiO_2やBeF_2などのようにメルト～ガラスを通して直線にのるものもある．一方，図10-8では温度のパラメータを一つ増やしたFulcher式で見事にガラス～メルトの粘度変化を表現している．この差を解

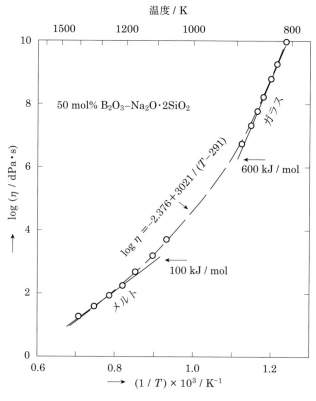

図 10-8 ホウケイ酸ソーダの Arrhenius プロット [35]

釈するためには Fulcher 式の T_0 項の意味づけをしなければならない．後で，自由体積理論から T_0 の意味づけをする．

Eyring 流 [36]

今更の感があるが，始めに Eyring の考えを一通り述べておく．図 10-9 (a) のように分子が隣り合う平衡位置 A_1 から A_2 に移動する時，熱的エネルギーの揺らぎにより周囲の束縛を切って中間位置のエネルギー障壁を乗り越える必要がある．その確率は障壁の高さを ε とすると，$\exp(-\varepsilon/kT)$ に比例する．単位時間当たりこの障壁を飛び越える粒子数 N は

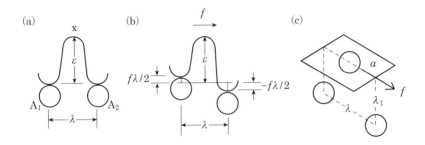

図 10-9 エネルギー障壁をジャンプする粒子の運動

$$N = N_0 \exp(-\varepsilon/kT) \qquad (10\text{-}11)$$

ここで N_0 は頻度係数で Eyring によれば粒子の振動数に等しく, kT/h で近似できる. h はプランク定数. したがって障壁 x を乗り越える粒子数は

$$N = (kT/h)\exp(-\varepsilon/kT) \qquad (10\text{-}12)$$

もちろん図 10-9 (a) のようにジャンプ前後でのエネルギーレベルが変化しなければ, 右行きと左行きの確率が等しく正味の N はゼロとなる. いま, 図 10-9 (c) のように剪断応力 f が粒子の占める平均面積 a に働いて粒子を障壁の頂上まで押し上げるとすると, その仕事は $f_a\lambda/2$. ここで λ は粒子の隣り合う平衡位置の半分の距離である. この粒子系に流動が起き隣り合う粒子面の間に剪断力が働くと, 粒子の周りのポテンシャルは図 10-9 (b) のように流れの下流側で低く, 上流側で高くなる. 従って粒子のジャンプ確率も変わり, 正味の右行き粒子数は

$$N = (kT/h)[\exp(-(\varepsilon - f_a\lambda/2)/kT) - \exp(-(\varepsilon + f_a\lambda/2)/kT)]$$
$$= (kT/h)\exp(-\varepsilon/kT)[\exp(f_a\lambda/2kT) - \exp(-f_a\lambda/2kT)] \quad (10\text{-}13)$$

(10-13) 式 [ ] 内の exp 項で剪断力が余り大きくない; $f_a\lambda \ll kT$ の時, exp 項を展開して第 1 項のみを用いると

$$N = (kT/h)\exp(-\varepsilon/kT)(2f_a\lambda/2kT) = (f_a\lambda/h)\exp(-\varepsilon/kT) \quad (10\text{-}14)$$

N をマクロな流れ量と結び付けよう．剪断面の距離を λ_1 とすると速度勾配は剪断面の相対速度を λ_1 で割った商，相対速度はジャンプ距離とジャンプ数の積だから，$\lambda N/\lambda_1$ となる．従って粘度の定義；剪断力／速度勾配から，

$$\eta = f/(\lambda N/\lambda_1)$$

$\lambda \fallingdotseq \lambda_1$, かつ $a\lambda$ を実効的に粒子が占める平均体積 v_m として，

$$\eta = f/N = (h/a\lambda)\exp(\varepsilon/kT) = (h/v_\mathrm{m})\exp(\varepsilon/kT) \quad (10\text{-}15)$$

モル当たりとして

$$\eta = (hN_\mathrm{A}/V_\mathrm{m})\exp(E/RT) \quad (10\text{-}16)$$

これが Eyring の与えた粘度の式である．ここで，V_m はモル体積，N_A はアボガドロ数，E はモル当たりの活性化エネルギー，R はガス定数である．

　この式は Arrhenius 型の Andrade の式；$\eta = A\exp(B/T)$ と類似の形をしており，定数 A, B の意味付けをしている．つまり，exp の前の項 A は跳躍する粒子の行く先が空孔であること，跳躍にはある障壁 B を越える必要があることを示しており，詳細なメカニズムの当否は別にして，大まかな粘性流動の機構を示していると考えてよいであろう．

　以上の議論において Fulcher 関数の T_0 項は出てこない．多くの液体では粘度の温度変化はほぼ $\ln \eta$ と $1/T$ の関係が直線で表されるので T_0 項は必要ない．T_0 項を必要とするのは融点以下に過冷却した液体，特にガラス状態の粘度においてである．そこで，T_0 がガラス転移点と関係することが直感的に考えられる．しかし，通常，ガラス転移点は表 4-2 に示したように絶対温度で示した融点の 2/3 程度であることが多く，また $T = T_0$ で粘度は無限大に発散するので，むしろ完全剛体となる仮想的な温度と考える方が良い．そこでは緩和が起きない非常に非現実的な状態である．剛性率と比較し

てはるかに高い粘度を持つということになる．現象論的言い方で，"凍結したガラス状態"とも言える仮想状態で，むしろ T_K に対応するように思われる．ただ，そのような仮想状態を与える温度を基準とするとガラス粘度の温度変化がうまく記述できることは興味のあるところで，今後物理的な意味づけがなされることを期待する．Eyring 流に，活性化状態を乗り越えて流動単位が移動すると考えると，頻度係数に及ぼす体積効果を温度の関数として取り入れたり，また活性化状態ではエンタルピーのみでなく体積を通じたエントロピー効果も考えると当然，Andrade 型の温度依存ではなくなるはずで，Fulcher ともまた異なる形の式になりうる．今後の発展が望まれる．

fragility

図 10-8 に示したように，B_2O_3 系の粘度は SiO_2 などとは異なり，$\log \eta$ と $1/T$ の関係（粘度曲線）が直線でない．このような見かけ上活性化エネルギーが温度に依存する現象を A. Angel は fragile[*15] と呼び，ガラスを分類している．図 10-10 は $\log \eta$ をガラス転移点で規格化した T_g/T に対してプロットしたもので Angell プロットと呼ばれている[37a]．

直線的なもの，たとえば SiO_2 は strong, 曲線的なもの，たとえば B_2O_3 を fragile とする．そして fragility, m を次式で定義する（T_g はガラス転移点）．

$$m = (\mathrm{d} \log \eta / \mathrm{d}\, (T_g/T))_{T=T_g} \tag{10-17}$$

他にも色々な定義がある．たとえば粘度曲線の曲率で定義するもの（Burning-Sutton），また，低温での高い活性化エネルギー Q_L（ガラス）と高温での低い活性化エネルギー Q_H（メルト）の比[*15]，$R_D = Q_L/Q_H$ を用いると，R_D の高いものほど fragile ということになる．Doremus[37b] は $Q_L - Q_H < Q_H$ ならば strong, $Q_L - Q_H > Q_H$ なら fragile, つまり，

[*15] fragility とは脆性（brittleness）であって，いわゆる口語的な虚弱性ではない．なお Q の添え字は温度の高低によった．文献によってはエネルギーの高低に従っている場合もあるので要注意．

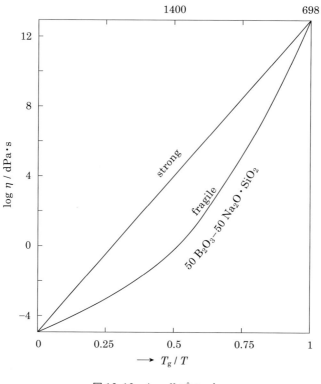

図 10-10　Angell プロット

$(R_D-1) < 1$　が　　strong　　　　　　　　　　(10-18)
$(R_D-1) \geqq 1$　が　　fragile　　　　　　　　　(10-18′)

この概念をモデル化に利用したのが先に述べた Ojovan の理論である．
　Arrhenius からの外れを利用した fragile の概念は高分子の粘度において，その取り扱いに便宜を与えている．要は fragile なメルトあるいはガラスは一筋縄で行かぬということである．

自由体積理論[38]

自由体積は液体中の空孔の密度を示す量である．実測の体積 v とそれの 0 K への外挿値，v_0 の差が自由体積 v_f，($v_f = v - v_0$) である．液体が持つ「結晶状態からの不規則さ」を示す量と言ってもよい．Kauzmann 温度 T_K を取るのが本当であるが T_g で代用すると，T_g 以上の温度では v_f が温度に比例して増加すると考えられるから，温度 T における自由体積の全体積の比 $f (= v_f/v_0)$ は

$$f = (v_f/v_0) = f_g + \Delta\alpha\,(T - T_g) \tag{10-19}$$

$$\text{ここで}\ \Delta\alpha = (1/v)(\partial v_f / \partial T)_{T > T_g}$$

また次の実験式，$\ln \eta = A + B\,(V_0/V_f)$ が知られているので，両式より T_g を標準温度として

$$\ln(\eta/\eta_g) = a\,(T - T_g)/[b + (T - T_g)] \tag{10-20}$$

の形が導かれる．高分子に対してよく当て嵌まることが知られており，$a = -17.44$，$b = 51.6$ が実験的に求められている．

無機ガラスについて実験的によく成り立つ Vogel-Tammann-Fulcher の式

$$\ln \eta = \ln \eta_0 + A/(T - T_0) \tag{10-21}$$

と類似の形を持っている．この式では Arrhenius の式における活性化エネルギーが

$$E = AkT/(T - T_0) \tag{10-22}$$

という温度依存性を持つことを示しており，$T = T_0$ で粘度も活性化エネルギーも無限大に発散する．自由体積理論では一般に Kauzmann 温度をもって T_0 とされており，$T_0 \simeq T_K < T_g$ である．

粘度の緩和 [39]
―冷却時と加熱時での不可逆性－緩和時間－高分子ガラスにおける粘弾性―

　平衡状態あるいは準安定状態にある系に外力を加えその状態を変えたとき，加えた外力に相応する新たな平衡状態あるいは準安定状態に移るまでにある時間が必要である．この現象は見かけ上，加えられた外的条件を打ち消すよう系の状態が変化することを意味する．そのような意味で緩和現象と呼び，その変化に要する時間 τ を緩和時間と言う．形式的に $\exp(-t/\tau)$ と書き表す．粘性現象は流体中に置かれた平面をある速度で動かそうとするときに現れる抵抗力に関連し，面に働く外力を緩和していることになる．その意味で，ある直方体の剛性率を G/Pa，その面に働く粘度を η/Pa·s とすると，η/G は時間の次元をもち緩和時間 τ/s を与える．ガラスの剛性率はおおむね 10^{13} Pa 程度であるからガラス転移点近傍でのガラスの緩和時間は 1～10 s ほどと考えて良い．T_g より高温になればもちろん粘度は低下するので緩和時間は短くなり，我々の粘度測定の時間尺度からして，問題にする必要はないが，ガラス転移点近傍の温度域で粘度測定をする場合，測定の時間（4 節においては昇温速度の選定）に気を遣う必要がある．

　緩和とは異なるが，剪断速度が大きいときに見られる粘度低下現象―shear thinning, がある．見かけ上，緩和と似ているのでここで少し述べておく．Eyring の式 (10-13) で shear rate を $\dot{\gamma}$, $a·\lambda$ を実効分子体積 Ω と書くと (10-13) 式は

$$N = (kT/h)\exp[(-E/RT)\{\exp(\tau\Omega/RT)-\exp(-\tau\Omega/RT)\}] \quad (10\text{-}23)$$

ここで圧力 P の下での空孔の体積を ϕ として活性化エネルギー E に圧力項を加味すると，$E = E+P\phi$ と書き換えられ，(10-23) は

$$N = \dot{\gamma} = (kT/h)\exp[-(E+P\phi)/RT]\sinh(\tau\Omega/RT) \quad (10\text{-}24)$$

この式は図 10-11 のように shear stress τ と shear rate $\dot{\gamma}$ の関係を与える．剪断速度の小さい範囲では $\dot{\gamma}$ と τ が比例して Newton 則が成り立つが，速

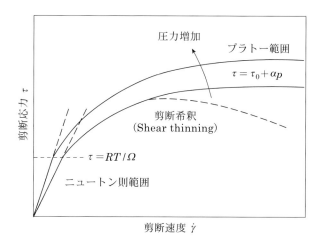

図 10-11　剪断速度 $\dot{\gamma}$ と剪断応力 τ の模式図

度が速くなると shear thinning（剪断希釈と訳した）が起こって剪断面で辷りが起こるように見え，また，剪断速度のきわめて速い領域では剪断応力が一定値に近づく．潤滑の問題は sinh が 1，つまり $\tau = RT/\Omega$ の Newton 則の限界付近を利用し $10^6\,\mathrm{Nm^{-2}}$ 程度の値である．剪断速度の大きい平坦な領域はプラスチック固体の剪断挙動に現れる．

　溶融プラスチックの剪断速度依存性は高分子の形に依存し，分子同士が絡み合ったり，分子が変形したりして剪断力に抵抗しているが，直鎖の C-C 結合が回転することで鎖の絡みがほぐれて流れの抵抗を緩和し，結果として流動が起こる．自由な単分子については 400 K 程度の温度で 10^{-9} s ほどの遷移時間である．ポリマーの溶融状態ではもっと時間が掛かるが，分子内の回転は可能である．しかし剪断速度がより大きくなると剪断速度に追従できなくなり，粘性領域より粘弾性の領域に入る．工業的に用いられるプラスチックの押し出し成形でしばしば観察されるところだが，押し出しの剪断速度が速すぎると，ある臨界速度以上で小孔から押し出されたプラスチックが切れ切れのゴム状小片となり，押し出された後，また元の融体に戻る．ちょうど，図 10-11 の剪断希釈が起こる近傍にこの臨界点がある．

鎖状高分子の状態を高温の融体から順次温度を下げて観察すると，典型的には次の4種類の状態が生じる．

粘性融体 → ゴム状粘弾性融体 → 粘弾性固体 → ガラス状態

これを模型的に温度（剪断速度一定）と剪断応力の関係で示すと図10-12のようになる．

なお，この図はポリスチレンについてのもので，横軸は剪断速度を一定（10 rad/s）としたときの温度，縦軸は応力（Pa）である．砕いて言うと，回転速度を一定にした回転粘度計の測定で横軸は温度，縦軸は粘度に対応する量と考えて良い．600 K 位からゴム状粘弾性が現れ，融点の 500 K 付近で粘弾性固体に変化し，400 K の少し下でガラス化する．ポリエチレンでは融点近くで剪断応力が急激に大きくなり，粘弾性固体の範囲では高い剪断応力を持つ温度範囲がポリスチレンよりもずっと拡がっている．

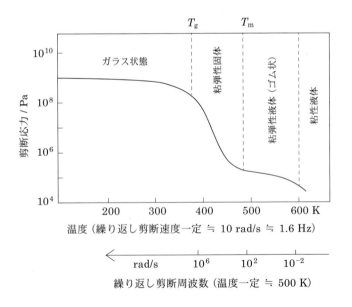

図 10-12　一定剪断速度下での温度と剪断応力の関係

シリカを主体とする無機ガラスでは，SiO_4 の4面体構造がしっかりしていて，流動による剪断力で構造が変形したり切断されることはない．そのため過冷却状態の流動条件下でも流動単位は変化せず活性化エネルギーに変化はない．つまり，strong である．他方，酸素を3配位する B_2O_3 のネットワークは平面的であるため，bending の自由度がある．温度によって bending 緩和の程度が異なると流動の活性化エネルギーが変化しうる．ちょうど，高分子がその直鎖を変形して応力を緩和するのと同様，B_2O_3 が fragile となる原因の一つであろう．無機系のガラスにおいても，最近，P_2O_5 をベースとする鎖状構造のガラスが製作されたとの報告もあり，今後 fragile な無機ガラスが珍しくなくなることが予想される．なお，高分子ガラスにおいては一般的な非ニュートン流動も，fragile glass と同様，無機ガラスにおいても特別な現象でなくなる日も遠くはないようだ．

　以上，ここで触れたガラス化物質は無機ガラス，ポリマーガラス，メタル・ガラスであるが，このうちメタル・ガラスはその粘度をガラス〜メルト間，温度の関数として測定することは難しい．容易に結晶化するからである．また，現状ではメルトからガラスまでの連続した測定を降温過程で実験することも困難である．10^{10} dPa·s 以上に及ぶ粘度範囲を1種類の測定法でカバーすることは至難の業である．降温過程でのメルトからガラスへの連続的測定が望まれる理由は，昇温過程と降温過程の測定が対になって，はじめて過冷却現象が解明できるからである．

参考文献

1) J. O'M Bockris, J. D. Mackenzie and J. A. Kitchener: Trans. Faraday Soc., **51** (1955), 1704.
2) 白石　裕，齋藤恒三：日本金属学会誌，**29**（1965），614，622．
3) 白石　裕，小川　浩：東北大選研彙報，**44**（1986），8．
4) E. H. Fontana: J. Amer. Ceram. Soc. Bull., **49**（1970），594．
5) A. N. Gent: J. Appl. Phys., **17** (1946), 458.
6) 白石　裕，R. Meister：東北大選研彙報，**38**（1982），1．
7) 白石　裕，L.Gránásy：東北大選研彙報，**42**（1986），42．
8) Y. Shiraishi and R. Meister: J. de Phys., **43** (1982), C9-447.
9) 川崎種一：New Food Industry, **22** July,（1980）．
10) 白石　裕，藤井　岳：東北大選研彙報，**47**（1991），66．
11) 川田裕郎：粘度，コロナ社（1964），p.81-83．
12) 白石　裕，長崎誠三，山城道康：日本金属学会誌，**60**（1995），184．
13) E. W. Douglas, W. L. Armstrong, J. P. Edward and D. Hall: Glass Tech., **6** (1965), 52.
14) 白石　裕，山城道康，桜井　裕：金属，**74**（2004），467．
15) Y. Shiraishi, S. Nagasaki and M. Yamashiro: J. Non-Cry. Solids, **282** (2001), 86.
16) J. D. Mackenzie: J. Phys. Chem., **63** (1959), 1875; A. Napolitano, P. B. Macedo and E. G. Haukins: J. Amer. Ceram. Soc., **48** (1965), 613; J. Boow: Phys. Chem. Glasses, **8** (1967), 45; G. S. Parks and M. E. Spagt: Physics, **6** (1935), 69; L. Shartisis, W. Capps and S. Spinner: J. Amer. Ceram. Soc., **36** (1953), 319; Y. Shiraishi, S. Nagasaki and M. Yamashiro: ISIJ Intern., **37** (1997), 383.
17) Y. Shiraishi and Y. Sakurai: VII Intern. Conf. on Molten Slags, Fluxes and Salts. Cape Town, South Africa (2004), South African Inst. of Mining and Metallurgy. p.215.
18) 日本金属学会編：金属データブック，（1993），p.66．
19) T. S. E. Thomas: Physical Formulae. Methuen's Monographs on Physical

Subjects. (1959).
20) 白石　裕, 桜井　裕：金属, **67** (1997), 925.
21) 白石　裕：未発表
22) 佐藤　譲：ふぇらむ, **15** (2010), 65.
23) 飯田孝道：金属, **67** (1997), 901.
24) 例えば, 白石　裕, 阿座上竹四編："高温物性の手作り実験室", 7章 粘度, アグネ技術センター (2011).
25) ガラスハンドブック, 朝倉書店 (1977), p.637.
26) 小野木重治：レオロジー要論, 槙書房 (1968).
27) 中西恭二, 斎藤恒三, 白石　裕：日本金属学会誌, **31** (1967), 881.
28) 川田裕郎：粘度, コロナ社 (1964), p.28-43.
29) 江島辰彦ら：日本化学会誌, No.6 (1982), 961.
30) H. Schenck, M. G. Frohberg and K. Hoffman: Arch. Eisenhüttenw., **34** (1963), 93.
31) ガラスハンドブック, 朝倉書店, (1977).
32) 例えば, a) 市坪　哲：金属, **85** (2015), 10; b) 宮崎州正：物性研究, **88** (2007), 621.
33) M. Ojovan, K. P. Travis and R. J. Hand: J. Phys. Condensed Matter, **19** (415107). (2007), 1.
34) S. Brawer: "Relaxation in Viscous Liquid and Glasses", Amer. Ceram. Soc. (1985), Chap.14; "Qualitative Description of Structure and Diffusion Mechanism of Viscous Fluid and Glasses".
35) Y. Shiraishi and H. Ogawa: 3rd Int'l. Conf. on Molten Slags and Fluxes (1988), Glasgow. The Inst. of Metals, p.190.
36) D. Tabor: "Gases, liquids and solids and other sates of matter", Cambridge Univ. Press, (1991), Chap. 11, "Liquids: their properties".
37) a) C. A. Angell: Science, **267** (1995), 1924; b) R. H. Dremus: J.Appl. Physics, **92** (2002), 7619.
38) 大川章哉：物性物理学講座, **4**, 化学物理, 6章高分子, 共立出版 (1965).
39) D. Tabor: "Gases, liquids and solids and other sates of matter", Cambridge Univ. Press, (1991), Chap. 13, "Some physical properties of polymers".

付　表

CGS 単位系

　1881 年国際電気会議における Lord Kelvin の提議に基づいて，長さ，質量および時間の単位としてセンチメートル (cm)，グラム (g) および秒 (s) を学術上に慣用することにした．この 3 単位を基本単位とする単位系を CGS 単位系という．また，電気，磁気に関する量に対しては，これが静電単位，電磁単位と組み合わされた場合に，それぞれ CGS 静電単位，CGS 電磁単位という．

　基本単位は cm，g，s で，それからすべての力学的物理量が誘導される．1881 年の会議で学術上の単位系として使用することが決定されたが，その源流は 1790 年，フランス革命の時代に遡る．フランス国民議会の議員，タレーラン (1754〜1838) が「自然の標準に基づき，永遠に世界で用いられる新単位系」の創設を提案し，アカデミー・フランセーズが「十進法の採用と地球子午線を長さ，および水を質量の単位」とすることを決め，1799 年パリを通る海抜ゼロの子午線の北極から赤道までの長さを実測し，それを 10^7 メートルとして長さの原器を作った．また水の最大密度を示す 4℃における 1 立方センチメートルの質量を 1 グラムとし，その 1000 倍に相当する質量原器を作った．時間は平均太陽日の 1/86 400 を 1 秒として CGS 単位の原形を作った．

　国際単位系，SI が施行される 1960 年以前に使われていた CGS 単位の定義を 1947 年発行の「物理常数表」[1] より引用して以下に示す．

長さ：センチメートル，記号：cm

標準気圧のもとで指定通りに支持されているとき，"国際メートル原器"に印されている所定の二線間の氷点における距離を 1 メートルとし（これを m なる記号で表す），その 100 分の 1 をセンチメートルとする（これを cm なる記号で表す）．

国際メートル原器は長さが約 102 cm の白金 90%，イリジウム 10% の合金製の棒で切り口が X 形のものである．中央の平面帯状の部分の両端の近くに 3 本宛の微細な線が印されており，その各中心刻線が上記の所定の線である．原器の支持方法については，同一平面上に 57.1cm を距てて平行に置かれた直径が 1 cm 以上の 2 本の円棒の上に国際メートル原器を対称的に置くことが指定されている．

国際メートル原器はパリ近郊セーヴルにある国際中央度量衡局に保管されている．これと同一材料で同形に作られた写しが各国に配布されており，それがその国のメートル原器である．本邦のメートル原器は No.22 で，商工省に保管されており[*1]，温度が θ ℃のときの所定の二線間の距離は

$$(1-0.00000078 + 0.0000086210\, \theta + 0.00000000180\, \theta^2)\ \text{m}$$

である．（温度は標準水素温度計による温度であるが常温では国際目盛によるものと見てよい．）

質量：グラム，記号：g

"国際キログラム原器"の質量を 1 キログラムとし（これを kg なる記号で表す），その 1000 分の 1 をグラムとする（これを g なる記号で表す）．

国際キログラム原器は直径および高さがともに 3.9 cm の直円筒形の稜を少し削ったもので，白金 90%，イリジウム 10% の比重が 21.5515 なる合金で作られている．これは国際中央度量衡局に保管されている．これと同一材料で同一形に作られた写しが各国に配布されており，それがその国のキログ

[*1] 現在は産業技術総合研究所に保管されている．

ラム原器である．本邦のものは No.6 で，商工省に保管されており[*1]，その質量は

$$(1000 + 0.0169) \text{ g}$$

である．

時間：秒，記号：sec

　平均太陽日の 24 分の 1 を 1 時，1 時の 60 分の 1 を 1 分，1 分の 60 分の 1 を 1 秒とする（これを sec なる記号で表す）．
　太陽日は太陽が一つの子午線上を通過する時刻から次に再びその子午線を通過する時刻までの時間であるが，これは一定でなく季節によって少し異なる．その 1 年を通じての平均が平均太陽日である．
　秒は恒星日の 86164.0906 分の 1 であると定義してもよい．恒星日は，任意に選定した一恒星が子午線を通過する時刻から次に再び同じ子午線を通過するまでの時間で，これは一定である．

　　平均太陽日 = 24 時　0 分　　 0 秒 = 86400 sec
　　恒　星　日 = 23 時 56 分 4.0906 秒 = 86164.0906 sec
　　恒　星　年 = 365.2564 平均太陽日

　メートル，グラムおよびそれから誘導された諸単位の 10^n 倍に対して次のような名称と記号が与えられている．$n = 12$ のテラ以下 $n = -12$ のピコまで（数を表す接頭語参照）．

付　表

倍数を表す接頭語

記号	名　称	倍数		和　名
T	テラ (tera)	10^{12}	1 000 000 000 000	兆
G	ギガ (giga)	10^{9}	1 000 000 000	10 億
M	メガ (mega)	10^{6}	1 000 000	100 万
k	キロ (kilo)	10^{3}	1 000	千
h	ヘクト (hecto)	10^{2}	100	百
da	デカ (deca)	10^{1}	10	十
		10^{0}	1	
d	デシ (deci)	10^{-1}	0.1	分
c	センチ (centi)	10^{-2}	0.01	厘
m	ミリ (milli)	10^{-3}	0.001	毛
μ	マイクロ (micro)	10^{-6}	0.000 001	微 (び)
n	ナノ (nano)	10^{-9}	0.000 000 001	塵 (じん)
p	ピコ (pico)	10^{-12}	0.000 000 000 0001	漠 (模糊) (ばく, もこ)

なお，SI で使用される接頭語には

テラ以上で　ペタ(P)；10^{15}，エクサ(E)；10^{18}，ゼタ(Z)；10^{21}，ヨタ(Y)；10^{24}，

ピコ以下で　フェムト(f)；10^{-15}，アト(a)；10^{-18}，ゼプト(z)；10^{-21}，ヨクト(y)；10^{-24}

がある．

国際単位系 (Systéme International d'Unités)[*2]

現行の国際単位系 (SI) は CGS 単位系の実用型—メートル,キログラム,秒に,電流単位,アンペア A を加えた MKSA 単位系を基礎とし,それを発展させて 1960 年国際度量衡総会で採択された単位系で,m, kg, s, A に温度単位の K,物質量として mol,そして光度単位の Cd を加えた 7 つの物理量を基本単位としている.ほとんどすべての物理量をコヒーレントに組み立てることができる.補助単位として平面角,ラジアン (rad) と立体角,ステラジアン (sr) を用いる.基本単位の定義と,常用範囲で単位の 3 桁ごとの倍数を示す接頭語を以下に示す.

SI 基本単位[2)]

物理量	単位名称	記号	定義
長さ	メートル	m	(1/299 792 458) s の時間に光が真空中を伝わる距離
質量	キログラム	kg	国際キログラム原器の質量
時間	秒	s	133Cs 原子の原子の基底状態にある 2 つの超微細構造準位間の遷移で放射される光の 9 192 631 770 周期の継続時間
電流	アンペア	A	真空中に 1 m の間隔で平行に張られた断面積ゼロの導線に流れる電流が,導線 1 m 当たり 2×10^{-7} N の力を及ぼし合うときの電流
熱力学温度	ケルビン	K	水の三重点の熱力学温度の 1/273.16
物質量	モル	mol	0.012 kg の ^{12}C 中に存在する原子の数に等しい数の要素粒子を含む物質量
光度	カンデラ	cd	540 THz の単色放射を放出し,所定の方向における放射強度が (1/683)W/sr である光源のその方向における光度

[*2] SI という略称はフランス語由来であるが,メートル法発祥の国としての歴史的意味による.なお,「SI 単位」という言い方は「国際単位系の単位」ということで意味があるが,「SI 単位系」は SI の略称が単位系自身を意味しているので「単位系の単位系」という重複になり意味を成さない.

付　表

CGS ⇔ SI 換算表

物理量	cgs 単位	SI	換算（cgs ⇒ SI）
長さ	cm	m	$1\ \text{cm} = 10^{-2}\ \text{m}$
面積	cm^2	m^2	$1\ \text{cm}^2 = 10^{-4}\ \text{m}^2$
体積	cm^3, L	m^3	$1\ \text{cm}^3 = 10^{-3}\ \text{L} = 10^{-6}\ \text{m}^3$
質量	g, ton	kg	$1\ \text{g} = 10^{-6}\ \text{t} = 10^{-3}\ \text{kg}$
密度	g/cm^3	kg/m^3	$1\ \text{g/cm}^3 = 10^3\ \text{kg/m}^3$
濃度	mol/L	mol/m^3	$1\ \text{mol/L} = 10^3\ \text{mol/m}^3$
時間	s, min, h, day	s	$1\ \text{s} = (1/60)\ \text{min} = (1/360)\ \text{h}$ $= (1/8640)\ \text{day}$
速度	cm/s	m/s	$1\ \text{cm/s} = 10^{-2}\ \text{m/s}$
加速度	cm/s^2	m/s^2	$1\ \text{cm/s}^2 = 10^{-2}\ \text{m/s}^2$
角度	°	rad	$90° = \pi/2\ \text{rad}$
角速度	rpm	rad/s	$1\ \text{rpm} = (1/60)\ \text{Hz} = 0.10472\ \text{rad/s}$
力	dyn	N	$1\ \text{dyn} = 1\ \text{g·cm/s}^2 = 10^{-5}\ \text{N}$
	kgf	N	$1\ \text{kgf} = 9.80665\ \text{N}$
圧力	kgf/cm^2	Pa	$1\ \text{kgf/cm}^2 = 9.8067 \times 10^4\ \text{Pa}$
	bar	Pa	$1\ \text{bar} = 10^5\ \text{Pa}$
	atm	Pa	$1\ \text{atm} = 1.0133 \times 10^5\ \text{Pa}$
	Torr（mmHg）	Pa	$1\ \text{Torr} = 1.33322 \times 10^2\ \text{Pa}$
温度	℃	K	$t\ ℃ = (t + 273.15)\ \text{K}$
エネルギー	kcal	J	$1\ \text{kcal} = 4.186\ \text{kJ}$ *3
仕事	erg	J	$1\ \text{erg} = 10^{-7}\ \text{J}$
	W·h	J	$1\ \text{W·h} = 3.6\ \text{kJ}$
表面張力	dyn/cm	N/m	$1\ \text{dyn/cm} = 10^{-3}\ \text{N/m}$
粘度	P	Pa·s	$1\ \text{P} = 0.1\ \text{Pa·s} = 1\ \text{dPa·s}$
動粘度	St	m^2/s	$1\ \text{St} = 10^{-4}\ \text{m}^2/\text{s}$
熱伝導率	cal/s·m·℃	W/s·m·K	$1\ \text{cal/s·m·℃} = 4.18605\ \text{W/m·K}$
拡散係数	cm^2/s	m^2/s	$1\ \text{cm}^2/\text{s} = 10^{-4}\ \text{m}^2/\text{s}$
電気抵抗	Ω	V/A	$1\ \Omega = 1\ \text{V/A}$

---

*3　カロリーにはいろいろな定義があり，国際蒸気表カロリー；cal_{IT}，熱力学カロリー；cal_{th}，旧計量法カロリー；cal，15 度カロリー；cal_{15} などが標準とされている．数値的には cal_{th} の 4.184 J/cal から cal_{IT} の 4.1868 J/cal の間に入っており，実際問題として旧計量法の 1 cal = 4.18605 J を 4 桁にして用いれば，ほぼ間違いない．

物理化学定数

物性関係でしばしば関係する物理化学定数を以下に示す．はじめに示す表は CGS 単位系で表示した 1940 年代の値である．原子質量単位に相当する値として水素原子の質量を与えた．Loschmidt 数はアボガドロ数と同じであるが，当時ロシュミット数と呼ばれることが多かった．定数の値は現在（2014 年）の推奨値と若干異なっているが，これらの数値の差には膨大な研究の積み重ねがある．現在使われなくなった CGS 単位系による常数表にも歴史の重みが潜んでいる．

CGS 単位系による物理化学常数 [1]

定 数	記号	推奨値	単 位
水素原子の質量	m_H	$(1.673\,6 \pm 0.0003) \times 10^{-24}$	g
Loschmidt 数	N	$(6.023 \pm 0.001) \times 10^{23}$	mol^{-1}
Boltzmann 常数	k	$(1.380\,4 \pm 0.0004) \times 10^{-16}$	$erg \cdot deg^{-1}$
Faraday 常数	F	(96.504 ± 0.007)	$C \cdot mol^{-1}$
普遍気体常数	R	$(8.314\,4 \pm 0.0008) \times 10^7$	$erg \cdot deg^{-1} \cdot mol^{-1}$
理想気体の標準体積	V_m	$(2.241\,46 \pm 0.00008) \times 10^4$	$cm^3 \cdot mol^{-1}$
Stefan-Boltzmann 常数	σ	$(5.667 \pm 0.008) \times 10^{-5}$	$erg \cdot cm^{-2} \cdot s^{-1} \cdot deg^{-4}$

2014 年度 SI による物理化学定数 [2]

定 数	記号	推奨値	単 位
統一原子質量	u	$1.660\,539\,040(20) \times 10^{-27}$	kg
アボガドロ数	N_A	$6.022\,140\,857(74) \times 10^{23}$	mol^{-1}
ボルツマン定数	k	$1.380\,648\,52(79) \times 10^{-23}$	$J \cdot K^{-1}$
ファラデー定数	F	$96\,485.332\,89(59)$	$C \cdot mol^{-1}$
気体定数	R	$8.314\,459\,8(48)$	$J \cdot K^{-1} \cdot mol^{-1}$
理想気体のモル体積	V_m	$22.413\,962(13) \times 10^{-3}$	$m^3 \cdot mol^{-1}$
シュテファン・ボルツマン定数	σ	$5.670\,367(13) \times 10^{-8}$	$W \cdot m^{-2} \cdot K^{-4}$

参 考 書

1) 芝 亀吉：物理常数表，(1947)，岩波書店，pp.2〜5.
2) CODATA 推奨値（2015 年 6 月 25 日発表）．

索　引

[あ]

Eyring の式 …………… 131
Eyring の取り扱い …… 132
Eyring の粘度式 ……… 134
アズ・フローズン ……… 53
圧力の補正 …………… 48
アモルファス・メタル
　………………… 129
アレニウス・プロット
　………………… 131
Andrade の式 …… 22, 134
陰イオンプロセス ……… 5
ウベローデ粘度計
　………… 75, 100, 102
運動エネルギーの補正 … 77
運動エネルギーの補正係数
　m とレイノルズ数の関係
　………………… 82
運動量の輸送 …………… 4
液浸型短管流出法 …… 110
液浸短管粘度計 ……… 84
液浸短管粘度計操作模式図
　………………… 110
液体の粘度測定法 ……… 97
液体の流動特性 ……… 100
液面位置の観測 ……… 87
SiO_4 の 4 面体構造 …… 141
エネルギー障壁 ……… 132
円錐 / 円筒回転法 …… 109
円錐回転体 …………… 109

円錐－平板粘度計 ……… 40
円柱貫入 ……………… 52
円柱貫入の全抵抗 ……… 54
円柱貫入 / 回転法 ……… 51
円柱貫入過程 …………… 62
円柱試料 ……………… 19
円柱の半径方向への変形
　………………… 16
円筒 / 容器間のギャップ
　………………… 72
オストワルド粘度計
　……………… 75, 100

[か]

回転振動法 …………… 103
回転るつぼ ……………… 29
Kauzmann 温度
　……………… 122, 137
核生成 ………………… 117
核生成剤 ……………… 130
核の成長速度 ………… 119
カップ型のボブ ……… 35
加熱炉 ………………… 19, 29
ガラス ………………… 116
ガラス化物質 ………… 141
ガラス状態 …………… 118
ガラスセラミック …… 130
ガラス転移 …… 118, 122
ガラス転移温度 ……… 122
ガラス転移点 …… 47, 122

ガラス転移点の定義 … 124
ガラス粘度の特性温度 … 97
過冷却状態 …………… 118
過冷却度 ……………… 120
還元反応の影響 ……… 32
管端の補正 …………… 79
貫入距離 ……………… 53
緩和現象 ……… 118, 138
緩和時間 ……………… 138
幾何学的抵抗定数 ……… 57
器壁の影響 …………… 66
逆懸垂型回転振動法 … 105
球貫入法 ……………… 41
球引き上げ法 (落下球法)
　………………… 64
共軸円筒法のエラー …… 12
共軸回転円筒法 ………… 7
共通試料 ……………… 32
均一核生成 …………… 121
Couette 型 (外筒回転) … 26
クラスター …………… 129
結晶成長 ……………… 117
結晶成長速度 ………… 120
結晶の成長 …………… 120
降温過程での粘度測定
　………………… 106
高密度体積 …………… 127
configuron モデル …… 125

[さ]

Searle 型(内筒回転)……26
滓化…………………2, 11
滓化率………………… 2
細管中の放物線流速分布
　……………………76
差動トランス…………17
shear thinning……138, 139
実効荷重………………22
質量流れ………………77
自動測定………………47
自由体積……………137
準静的測定……………23
昇温過程の測定………20
上下昇降機構…………66
試料体積の膨張………23
試料の整形……………51
試料容器………………88
ストークスの法則……64
ストッパーの使用……86
strong………………135
スライド円柱…………68
スライド円筒の形状…72
スライド円筒法………73
スライドする円筒に働く力
　……………………70
スラグ………………2, 5
スラグ試料の溶製……11
セイボルト粘度計……75
接触抵抗………………55
絶対測定………………75
剪断応力……………133
剪断速度の速い領域…139
造滓剤(フラックス)…12
相分離系……………130

[た]

相変化と潜熱………116
相律…………………116
測定の時間…………138
測定ダイアグラム……46

[た]

体積流れ………………77
体積要素……………127
ダイラタンシー ……107
Douglas の式…………42
単一円筒回転粘度計… 6
短管粘度計……74, 75, 84
端面効果………………35
超臨界流体…………115
低密度体積…………127
滴下流…………………84
手作り炉………………46
同心円筒間を流れる流体の
　抵抗…………………54
動的測定法……………23
動粘度………………… 4
トルク(剪断応力)(回転円
　筒法の)……………… 7
トルクの検出…………30
トルクの測定…………45
Doremus の 式………125

[な]

内筒端面の形状効果……34
軟化温度………………23
Newton の法則………3, 66
ニュートン流体………99
熱膨張参照棒…………59
熱膨張の影響…………33
粘性…………………… 3

粘性係数……………… 3
粘度…………………… 3
粘度 η と運動エネルギーの
　補正 m の関係………82
粘度計係数……………77
粘度計定数……………77
ノロ…………………… 1

[は]

パーコレーションの閾値
　……………………126
白金粒の沈降速度……106
万能実験ラック……113
B_2O_3 系の粘度………135
B_2O_3 ガラスの粘度……60
B_2O_3 のネットワーク…141
ピクノメータ………102
非ニュートン流体…44, 99
非ニュートン流動……40
非平衡相……………129
頻度係数……………133
ファイバー・エロンゲー
　ションの式…………16
不均一核生成………121
物質の存在形態……114
プラズマ……………115
フラックス(造滓剤)… 12
fragility………………135
fragile ………………135
Fulcher 温度 T_0………49
Fulcher 関数の T_0 項…134
Fulcher 式……………49
Fulcher の経験式………22
Fulcher の実験式……131
ブルックフィールド粘度計

索引

……………………………… 6
分子内の回転………… 139
平均の流出速度………… 93
平行板回転法……… 41, 43
平行平板粘度計………… 15
平行平板法……………… 41

[ま]

マザースラグ…………… 11
摩擦抵抗(スペーサーの)
……………………………… 68
水の動粘度……………… 93
水の粘度………………… 75
メタル・ガラス……… 129
メニスカス(球面近似)
……………………………… 53

メニスカスの補正……… 61
毛細管法………………… 75

[や]

輸送現象………………… 4
湯流れ長さ……………… 12
陽イオンプロセス……… 5
溶融金属の粘度測定…… 95

[ら]

落下円柱に働く力……… 65
落下球法(引き上げ法)
……………………………… 64
流出曲線………………… 79
流出曲線の模式図……… 90
流出ヘッド……… 85, 88, 91

流出容器………………… 88
流出容器に働く浮力
……………………… 91, 94
流線補正………………… 85
臨界温度・臨界圧力… 115
臨界核………………… 119
るつぼ形状……………… 58
レイノルズ数………… 4, 81
レオ・キャスティング
……………………… 107
レッドウッド粘度計…… 75
レベル・マーク……… 112
ローターと測定ヘッドの接
続……………………… 14
ロードセル…… 30, 45, 47
ロトビスコ…………… 6, 10

153

著者略歴

白石　裕（しらいし　ゆたか）

1953 年	北海道大学理学部化学科卒業
1953～1957 年	北海学園教諭
1957 年	東北大学選鉱製錬研究所助手，助教授を経て
1973 年	同教授
1980 年	アメリカ，カソリック大学ガラス状態研究所（VSL）文部省在外研究員（1 年）
1987 年	イギリス，国立物理研究所（NPL）学術振興会交換研究員（3 ヵ月）
1993 年	定年退官，㈱アグネ技術センター顧問
1994 年	韓国，全州大学校，客員教授（6 ヵ月）
専　門：	高温物理学，とくに融体物性
著　書：	『融かして測る　高温物性の手作り実験室―雑学満載の測定指南―』，アグネ技術センター，2011（共編著） 『四則算と度量衡と SI と』，アグネ技術センター，2014 「Handbook of Physico-chemical Properties at High Temperatures」，日本鉄鋼協会，1985（共編著）

粘度測定　ガラスとメルト
いろいろな測定法開発の記録―八転び七起き―

2016 年 12 月 30 日　初版第 1 刷発行

著　　　者	白　石　　裕 ©
発　行　者	青　木　豊　松
発　行　所	株式会社　アグネ技術センター
	〒 107-0062　東京都港区南青山 5-1-25　北村ビル
	電話 03-3409-5329／FAX 03-3409-8237
	振替 00180-8-41975
印刷・製本	株式会社　平河工業社

落丁本・乱丁本はお取替えいたします。
定価は表紙カバーに表示してあります。

Printed in Japan, 2016
ISBN 978-4-901496-83-4　C3043